PRÉCIS

DE

FAUCONNERIE

PRÉCIS

DE

FAUCONNERIE

CONTENANT

LES INDICATIONS NÉCESSAIRES POUR AFFAITER ET GOUVERNER
LES PRINCIPAUX OISEAUX DE VOL

SUIVI DE

L'ÉDUCATION DU CORMORAN

PAR

MM. G. SOURBETS ET C. DE SAINT-MARC

OUVRAGE ORNÉ DE PLANCHES HORS TEXTE

« Tous ne sont pas nais pour se plaire
« A chasser avecque nous ;
« Aussi n'est-il pas à tous
« Le scavoir et pouvoir faire. »
(Charles d'Arcussia, S^r d'Esparron.)

NIORT
L. CLOUZOT LIBRAIRE-ÉDITEUR
22, RUE DES HALLES, 22

1887

INTRODUCTION

Nous assistons, en ce moment, en France, à la brillante renaissance d'un sport jadis en grand honneur, mais dont les événements, plutôt que les circonstances, ont progressivement amené chez nous la disparition complète : nous voulons parler de la fauconnerie.

Plusieurs causes ont contribué au déclin de la chasse au faucon, universellement remplacée par la chasse à tir, moins pittoresque, mais plus pratique. D'abord, la grande division des propriétés ; puis, le perfectionnement toujours plus sensible des armes modernes de chasse ; la crainte de la peine occasionnée par les soins à donner aux oiseaux et à leur affaîtage ; enfin et surtout, le désir bien naturel de faire gibecière comble ; de revenir, après chaque course aux champs, chargé de lauriers... et de gibiers.

Est-il un passe-temps plus agréable et plus passionnant que la chasse au vol pour quiconque a le goût des plaisirs champêtres ? Outre les vives jouissances et les captivantes distractions qu'elle procure à ses adeptes, ceux-ci trouveront encore dans la poursuite du gibier l'occasion d'un exercice salutaire, parfois violent, mais toujours plein d'attraits ;

« Car en chose qui plaist, jamais on ne se lasse » (1).

Le dressage des oiseaux de proie est par lui-même fort simple, et il ne faut point s'en exagérer les difficultés. De la patience, beaucoup de douceur, des soins bien entendus de la part du fauconnier, suffisent généralement à surmonter les instincts sauvages de l'oiseau chasseur, à assouplir son caractère, et à obtenir de lui la dépendance et la soumission requises pour en faire un sujet de bon travail.

La fauconnerie, quoique tombée en désuétude,

____

(1) D'Arcussia, *Poëme de la fauconnerie.*

peut être aisément restaurée, et c'est à tort qu'on la croit impraticable de nos jours. Tout au contraire, les méthodes des fauconniers modernes, dégagées des pratiques bizarres ou mystérieuses de l'art ancien, donnent des résultats tout aussi concluants ; et, à coup sûr, les autres sports présentent au moins autant de difficultés, sans toujours offrir des éléments de distraction aussi complets, aussi neufs et aussi émouvants.

A notre époque, le faucon n'est plus un mythe, et on le voit encore en certains joyeux jours de chasse, dans tel beau et vaste domaine que nous pourrions citer en France et en Angleterre, prendre son vol et poursuivre sa proie dans les airs. En Angleterre surtout, l'art du fauconnier s'est conservé une bonne et honorable place. Les Anglais ont leurs clubs de fauconnerie ; les Allemands, les Hollandais chassent avec l'oiseau ; comment, en France, resterions-nous indifférents ?

« Seigneur qui voulez oyr des déduis des oyseaulx,
« il faut que celuy qui en veult oyr, ait en soy trois
« choses : la première est de les amer parfaictement,
« la seconde est de leur estre amiable, la tierce,
« qu'on en soit envieux. »

Toute la science du fauconnier, dit M. Ernest Jullien, se trouvait résumée dans cette phrase du Roy Modus, et dans la suivante de Tardif :

« Pour bien faire voler l'oiseau au gibier, trois
« choses sont nécessaires : bon maistre, bonne
« compaignie d'oyseaulx bien volans, et bon pays
« de gibier. »

En vingt ou trente jours, souvent moins, faucons,
autours, éperviers et émerillons se laissent mettre
et ôter le chaperon, prennent le pât sur le poing,
reviennent au leurre et apprennent à connaître le
vif, c'est-à-dire l'animal qu'ils doivent chasser.

On ne saurait parler de la fauconnerie avec trop
d'enthousiasme. Quel spectacle plus merveilleux que
la descente du pèlerin sur le perdreau, la grouse,
la bécasse? Quoi de plus curieux que l'adresse de
l'épervier et de l'autour à saisir leur victime, passereau, grive, merle, pigeon ou lapin, au milieu des
haies et des fourrés, ou parmi les bruyères et les
hautes herbes? Quoi de plus ravissant que le hobereau et l'émerillon, à la poursuite de leur proie, ou
suivant leur maître avec l'empressement ou la fidélité d'un chien? Quelle plus gracieuse distraction
pour nos châtelaines, que le vol de l'alouette, du
merle et des oiseaux des champs, à l'aide de ces
faucons miniature?

Assurément le vol de la pie, de la corneille, du
héron, etc... avec les grandes espèces, comporte un
personnel et une installation *ad hoc*, ainsi qu'un
terrain approprié et bien approvisionné des divers

gibiers que l'équipage aura à chasser. Mais avec les petites espèces, voire avec l'autour, le succès est facile et toujours assuré. Ces derniers en effet, outre la facilité relative de leur dressage, trouvent à peu près partout la proie qui leur convient ; aussi conseillons-nous aux débutants d'essayer d'abord leurs aptitudes avec ces oiseaux, en se conformant exactement aux indications contenues dans ce petit livre.

Quant au pèlerin, oiseau robuste et plein d'ardeur, il fournira de jolis vols avec le pigeon, le perdreau, la caille, le merle, la grive, le râle, etc... Un seul oiseau suffit pour ces vols, même à la rigueur pour le pigeon ; et, en règle générale, l'entretien des sujets de l'équipage devient très peu coûteux, lorsqu'une fois en bon état d'entraînement, on peut les nourrir presqu'exclusivement des produits de leur chasse.

Il est donc à souhaiter que de nombreux amateurs s'adonnent à ce sport intéressant, qui peut emprunter un éclat et un attrait encore plus considérables à la présence des dames ; car on n'a pas à redouter pour elles les fatigues et les difficultés de la vénerie. En chassant au faucon, elles auraient un rôle actif dans le drame, dont toutes les péripéties n'exigent que des mouvements faciles et sans danger. Aussi, peut-on s'étonner à juste titre qu'elles n'aient pas réclamé en faveur de cet agréable passe-temps qui, jadis, leur plaisait si particulièrement. Sachant lancer l'oiseau, l'appelant ou l'encourageant par leurs cris, familières avec lui pour l'avoir souvent porté sur le poing et avoir même contribué à son affaitage, le succès de la chasseleur reviendrait de droit.

Puissent donc les véritables chasseurs ne pas dédaigner la lecture de ce modeste Traité, écrit surtout dans un but de propagande, et que nous sommes heureux de leur dédier ! — Il intéressera les naturalistes ainsi que les amis de l'histoire et de l'archéologie, désireux de connaître les moyens jadis mis en œuvre pour arriver à l'assouplissement parfait de ces fiers oiseaux de vol dont les procédés de dressage sont si peu connus de nos jours. Par sa lecture, on se rendra compte du charme que pouvait avoir pour nos ancêtres un divertissement trop dédaigné à notre époque.

Bien des ouvrages ont été écrits jadis sur la fauconnerie. Pour ne citer que nos meilleurs auteurs français, nous rappellerons les noms des de Francières, d'Arcussia, Saint-Aulaire et Boissoudan. — Les vieilles méthodes cependant, en général écourtées ou mal décrites, ne peuvent permettre de se faire une idée bien nette de ce qu'était l'affaitage d'un faucon ou d'un épervier.

De nos jours, la fauconnerie pratiquée avec

succès par quelques adeptes, en Angleterre, et, il n'y a pas bien longtemps encore, en Hollande, a fait l'objet de plusieurs belles monographies. Signalons en première ligne le magnifique ouvrage de Schlegel et de Verster de Wulverhorst (1844-1853), dédié au roi de Hollande, Guillaume III, et l'*Histoire de la fauconnerie anglaise*, par le capitaine Salvin (1).

En France, le docteur Chenu a écrit, en collaboration avec M. O. des Murs, un intéressant petit volume sous le titre de : *Fauconnerie ancienne et moderne*. Paris, L. Hachette et Cie, 1862.

Ces ouvrages forment un ensemble de travaux suffisants pour permettre d'établir une théorie exacte des préceptes de l'ancienne chasse au vol. Aidés de ces travaux que la pratique a permis de mieux comprendre, nous nous sommes efforcés, dans ce Traité, d'indiquer les moyens faciles d'exercer un art où nos devanciers, instruits par la tradition, étaient passés maîtres.

---

(1) *Falconry in the British Isles*, by Francis Henry Salvin and William Brodrick. London, John van Voorst, MDCCCLXXIII.

CHAPITRE PREMIER

APERÇU HISTORIQUE

« **Et præsit volatilibus cœli.** »
(Genèse, I, 26.)
« *Qu'il commande aux oiseaux du ciel.* »
« **Et leporem aut capream famulæ Jovis et generosæ**
« **In saltu venantur aves.** »
(Juvénal, XIV, 74-81.)
« *L'Aigle, serviteur de Jupiter, chasse dans les*
« *forêts le lièvre et le chevreuil.* »

La fauconnerie, qui jouissait autrefois d'une si
grande vogue en Europe, est encore très recherchée, de nos jours, par les Arabes et les Orientaux.
« C'est un art, dit M. Pierre Amédée Pichot, de la
Revue Britannique, qui a eu ses maîtres parmi les
princes, ses adeptes parmi les rois. » Dans le
vieux monde, les Anglais, les Russes et les Hollandais ont conservé les traditions et la pratique
de la chasse au vol.

Les instincts chasseurs du faucon ont été, de
bonne heure, utilisés par l'homme, et il est certain
que l'art du fauconnier a pris naissance dans l'Asie
centrale, dès la plus haute antiquité. De là, il s'est

répandu jusqu'en Chine, en Europe et dans le nord de l'Afrique.

Les Troyens, dit Elzéar Blaze, chassaient au faucon, et Ulysse eut, dans sa part de butin, quelques oiseaux dressés qui firent l'admiration des Grecs. Aristote nous apprend que les Thraces connaissaient la chasse à l'oiseau. D'après Cornélius Agrippa, le Lévitique, Ctésias, Julius Firmicus Maternus et Sidoine Apollinaire, les Grecs, les Hébreux, les Perses et les Romains pratiquaient la fauconnerie. Enfin, cet art était connu en France dès le temps des Mérovingiens.

Tous les rois Francs de la première race, et entr'autres Mérovée II, s'adonnèrent à ce genre de chasse, et la loi condamnait à une forte amende celui qui se rendait coupable du vol d'un épervier ou de tout autre oiseau de proie dressé. L'épervier étant un rapace de nos climats, il est probable que c'est l'oiseau qu'on a primitivement employé en France pour le vol.

Au vi^e siècle, l'art de la fauconnerie était déjà très répandu, et le clergé lui-même s'y adonnait avec ardeur.

Charlemagne montra beaucoup de goût pour la chasse au vol, et M. Magaud d'Aubusson nous apprend qu'il organisa un service de fauconnerie avec autant de soin que son service de vénerie. Il édicta même, en 800, une loi qui condamnait tout homme ayant volé ou tué un faucon habile à prendre les grues, à donner au propriétaire lésé un oiseau doué des mêmes qualités, et à payer en sus une amende de six deniers. D'après l'ancienne coutume bourguignonne, bien plus rigoureuse sur ce point, le voleur de faucon devait fournir en pâture à l'oiseau de proie qu'il avait dérobé, six onces de sa chair.

Les fonctions de fauconniers étaient, sous les Carlovingiens, estimées à l'égal des charges de la Cour. Leur chef porta d'abord le titre de fauconnier ou maître fauconnier du Roi, et c'est seulement à partir de Charles VI qu'il prit la qualification de grand fauconnier de France. Cet officier prêtait serment entre les mains du roi et jouissait des plus grandes prérogatives. Il faisait partie de la maison civile du souverain et avait la disposition de tous les offices de la fauconnerie royale.

La charge de grand fauconnier fut toujours occupée par des gentilshommes d'un rang élevé. Pour le Poitou seulement, citons les noms suivants :

1° Raoul Vernou, seigneur de Montreuil-Bonnin (Vienne), grand fauconnier de France en 1514, mort dans sa charge en 1516 (1). Après lui, son office passa à son beau frère René de Cossé, seigneur de Brissac, premier pannetier du roi ; il gouvernait encore la fauconnerie royale en 1521.

2° Louis Prévost, dit de Sansac ; il se trouve

----

(1) Il était probablement fils de Barthélemy Vernou, seigneur de Bonneuil près Melle, qui fut anobli par lettres du roi Louis XI en l'année 1482, et devint depuis maître des requêtes de l'hôtel du roi Charles VIII.

mentionné, en qualité de grand fauconnier, dans un état de la maison de Henri II, depuis le 1er janvier 1549 jusqu'au 31 décembre suivant.

3° André de Vivonne, chevalier de l'ordre du Roi, seigneur de la Béraudière et de la Châtaigneraie, conseiller du Roi en ses conseils, grand fauconnier de France en 1612, mort en 1616. Il était capitaine des gardes du corps de la reine Catherine de Médicis.

Le plus célèbre de ces grands officiers de la couronne fut assurément Charles d'Albret, duc de Luynes, connétable du roi Louis XIII, chevalier des ordres, premier gentilhomme de la Chambre, gouverneur de Picardie, etc., pourvu en 1616, mort le 15 décembre 1624 ; il est l'ancêtre de la maison de Luynes et de Chevreuse.

La fauconnerie fut la passion des grands seigneurs et des dames châtelaines du Moyen Age et de la Renaissance ; aussi, les monnaies, les tapisseries ou les pierres tombales (1) les représentent-ils souvent dans leurs plus riches costumes, avec un faucon sur le poing. Elle était tellement en honneur, qu'un gentilhomme et sa dame ne paraissaient jamais en public, sans porter le faucon préféré. Beaucoup d'évêques et d'abbés les imitaient ;

---

(1) Il existe au musée de Niort une très belle pierre tombale du xiie siècle, trouvée à Javarzay (Deux-Sèvres), sur laquelle sont sculptées des scènes de chasse ; sur l'une des faces de ce petit monument en forme de toit, un cavalier est représenté avec le faucon au poing.

et tous entraient dans les églises avec leurs oiseaux, qu'ils déposaient pendant l'office sur les
marches de l'autel. Les princes avaient suivi l'exemple des rois, et la noblesse fit de la fauconnerie son
plaisir favori ; on s'en occupait pendant le jour, on
en rêvait durant la nuit. Lorsqu'on voulait enfin
faire l'éloge d'un chevalier, on n'avait garde d'ou-
blier son talent à dresser les oiseaux.

La fauconnerie florissait en France, et notamment en Poitou, dès le xie siècle ; pour cette pro-
vince, le fait y est attesté par les monuments eux-
mêmes. L'église actuelle de Parthenay-le-Vieux,
qu'elle soit l'œuvre des moines de la Chaise-Dieu ou
qu'elle ait été construite par les seigneurs, antérieu-
rement à leur donation de 1092, est d'une construc-
tion remontant à cette époque reculée. Le style
de ce bel édifice est du roman pur. Or, sur l'un
des tympans de la façade de l'église, on voit la
représentation d'un cavalier, sous le costume et
dans l'attitude du seigneur féodal, avec le faucon
sur le poing.

Outre l'indication d'un goût très prononcé au
Moyen Age, le faucon était un des signes distinc-
tifs de la chevalerie. Aussi, on le trouve reproduit
sur de nombreuses constructions, dans les provinces françaises où, de même qu'en Poitou,
la fauconnerie était un art aimé et pratiqué.

On rencontre enfin, fréquemment, l'oiseau de
vol dans les armoiries (1) ; et le leurre, placé de

____

(1) Les familles de la Cour et de Lage, en Aunis, portent un

chaque côté de l'écusson du grand fauconnier de France, était l'insigne de sa dignité.

Les oiseaux de chasse figuraient aussi au nombre des redevances féodales. Chaque année, le grand-maître de l'ordre de Saint-Jean de Jérusalem envoyait au roi de France douze oiseaux. La seigneurie de Prahecq en Poitou, relevant du château de Niort, devait tous les ans au roi un *épervier gentil* (1). Il en était ainsi de la terre de Maintenon, qui avait le même devoir à l'égard de l'église de Chartres et lui donnait un épervier armé et prenant proie, à chaque fête de l'Assomption. Enfin, le don de faucons de grand prix servit souvent de gage d'amitié dans les relations des princes et des souverains, et entra dans les conditions des rançons et des traités.

Les successeurs de Charlemagne édictèrent des peines sévères contre ceux qui se rendaient coupables du vol ou du meurtre d'un faucon. Ces pénalités ne tardèrent pas à être singulièrement aggravées par des rois et des seigneurs jaloux de leurs

---

épervier dans leurs armes, et l'illustre maison de Surgères avait comme supports de son écu deux faucons encapuchonnés, avec la devise : « Post tenebras spero lucem. »

Du Fou du Vigean (Poitou) porte : « d'azur à deux éperviers affrontés d'argent, becqués et membrés d'or, à la fleur de lys de même en abîme » etc., etc.

Dans ces représentations, il faut reconnaître le désir de perpétuer le souvenir d'un passe-temps recherché, et celui de hauts faits cynégétiques dont la tradition ne nous a pas été autrement conservée. Il y a là, enfin, affirmation de noblesse.

(1) Le faucon gentil était un oiseau de vol pris en août et septembre, d'un affaitage généralement facile.

privilèges. Jusqu'à Charles VI, dit M. Magaud d'Aubusson (1), le domaine de l'air jouissait de toute franchise ; avait faucon qui voulait, à la seule réserve, s'il n'était noble, de ne pas s'aider de chiens. Mais, à partir du règne de ce prince, de nombreuses restrictions furent apportées à l'exercice de ce droit, et les peines les plus sévères frappèrent l'imprudent assez malavisé pour désobéir aux prescriptions de la loi.

La fauconnerie, à laquelle les rois de France s'adonnèrent avec ardeur, prit surtout un développement extraordinaire à la suite des croisades, quand les chevaliers français eurent visité la Palestine où cet art était en grand honneur. Saint Louis, qui aimait les plaisirs de la chasse sous toutes ses formes, se livra avec passion à la chasse au vol (2).

---

(1) *La fauconnerie au moyen âge et dans les temps modernes*, par L. Magaud d'Aubusson, docteur en droit. Paris, Auguste Ghio, 1879.

(2) La vogue de la fauconnerie en Poitou, aux xiii⁰ et xiv⁰ siècles, nous est révélée par la sygillographie. Les dames de la maison de Surgères, pendant cette période du Moyen Age, sont toujours représentées sur leurs sceaux, en pied, et avec le faucon sur le poing. Nous citerons encore, en prenant nos exemples chez les grands feudataires : un curieux sceau de Valence de Lusignan, épouse de Hugues II l'Archevêque (1243-1271), sur lequel est inscrite sa qualité de dame de Vouvent et de Parthenay. Elle est vêtue d'une longue robe et d'un manteau, et tient un oiseau sur la main gauche.

Guillaume l'Archevêque, seigneur de Parthenay, avait épousé, en 1275, Jeanne de Montfort qui se distingua par une éminente vertu et par sa grande bonté envers le peuple. De même que sa belle-mère, elle pratiqua avec ardeur le bel art de la fauconnerie, en compagnie de son époux et des gentilshommes de sa petite

Elle fut surtout, dit Elzéar Blaze, en grand honneur au xiv⁰ siècle. Le nombre des nobles chassant à l'oiseau était si considérable, que dans les salles d'hôtellerie, sous le manteau de la cheminée, il y avait des perchoirs recouverts de peaux, pour y mettre les oiseaux pendant le dîner des chasseurs.

Louis XI, comme ses devanciers, fut un amateur enthousiaste de fauconnerie. Monstrelet nous apprend que ce roi, si avare en toutes choses, n'hésitait pas à délier les cordons de sa bourse quand il s'agissait de son oisellerie. Charles VIII ne craignit pas de payer un faucon 8,000 écus (plus de 24,000 fr., somme énorme pour l'époque). A l'exemple de ses prédécesseurs, Louis XII affectionna la gaie science de la chasse au vol, et il en goûta souvent les émotions à la Héronnière, au Plessis-lès-Tours et à Pont-le-Roi. François I⁰ʳ eut jusqu'à 300 oiseaux dans ses équipages, et c'est sous son

---

cour. Le sceau élégant qu'elle apposait au bas de ses actes la représente vêtue d'une longue robe serrée à la ceinture et d'un manteau moucheté d'hermine. Elle tient aussi un oiseau à la main.

D'après une loi de l'année 818, l'épée et le faucon appartenant au baron défait en champ clos, devaient être respectés par le vainqueur, et rester au vaincu : le faucon pour chasser et l'épée pour combattre. Sachant qu'un gentilhomme jurait par son oiseau de chasse, comme par une chose sacrée, pour affirmer sa fidélité à la dame de ses pensées, nous ne devons pas nous étonner de voir qu'au Moyen Age cet insigne de noblesse et de joyeux déduits, était laissé presque exclusivement aux dames ; les chevaliers du xiiiᵉ siècle se faisaient de préférence représenter sur leurs sceaux, à cheval et l'épé e à la main ou coiffés du heaume et portant le pennon banneret.

règne que la fauconnerie atteignit en France son plus haut degré de splendeur. Elle fut négligée sous les derniers Valois, et Henri II, ainsi que ses fils, ne portèrent jamais à ce passe-temps le même amour que la plupart de leurs prédécesseurs (1).

Pendant tout le xvi⁰ siècle néanmoins, la fauconnerie fut en très grande faveur dans les provinces de l'ouest où se formèrent des maîtres en cet art. L'un d'eux, le poitevin François de Savignac, devint le fauconnier d'Antoine de Bourbon, roi de Navarre (3 juin 1535).

Malgré la guerre et les malheurs des temps, on se livrait en Poitou à la chasse au vol, bravant tout danger pour satisfaire un goût très répandu alors. D'après les chroniques Fontenaisiennes, le seigneur de Bazoges, du nom de Girard, victime de sa passion favorite, fut tué d'un coup de pistolet, le lundi 1ᵉʳ février 1563, « lui étant aux champs à voir voler ses oiseaux (2). »

---

(1) *La fauconnerie* de de Francières, grand prieur d'Aquitaine, fut éditée par G. Bouchet, sous Charles IX. Cet ouvrage avait été composé à la sollicitation de Messire Jacques du Fou, grand veneur de France, sénéchal du Poitou et lieutenant du roy Louis unzièsme en la réduction du comté de Roussillon, l'an 1484. Il fut mis en lumière par le seigneur du Vigean, F. du Fou, petit fils du sénéchal.

(2) Si l'on en croit Guillaume Bouchet dans son « Recueil de tous les oyseaux de proye qui servent à la vollerie et à la fauconnerie » (publié en 1567), chapitre du Lanier, du Fouilloux lui-même, sacrifiant aux goûts de son temps, et non content d'avoir écrit un ouvrage classique sur la vénerie, avait encore composé un traité de fauconnerie. Malheureusement, ce livre, qui n'a pas été imprimé et dont on ne connaît point de manuscrit, est pro-

Sous Henri IV (1) qui, d'après Sully « aimait toutes sortes de chasses et de voleries », la fauconnerie, comme tant d'autres choses, reprit tout son éclat, et le bon roi ne laissa jamais échapper une occasion de satisfaire son penchant pour elle.

L'art de la volerie atteignit son apogée sous Louis XIII qui fut le plus grand fauconnier de son temps, et s'efforça de perfectionner tout ce qui concernait son plaisir favori. Tout le monde sait enfin de quelles faveurs furent comblés de Luynes et ses frères Cadenet et de la Brande, également experts en matière de fauconnerie. Lors du voyage de ce prince pour se rendre devant La Rochelle (1628), il prit plaisir à chasser la pie, dans les plaines du Poitou et de l'Aunis, avec ses gentilshommes et les châtelains qui grossissaient sa suite. Son règne, temps de gloire pour la chasse au vol, nous a laissé les œuvres intéressantes de Charles d'Arcussia, sei-

-----

bablement perdu sans retour. Il eût complété dignement, dit M. Magaud d'Aubusson, le corps des doctrines savantes laissé à la postérité par le gentilhomme du pays de Gâtine, bien que l'illustre veneur paraisse avoir fait assez peu de cas de la chasse au vol sur laquelle il s'exprime, dans le *Blazon du Veneur*, en ces termes dédaigneux :

> ..... N'en déplaise aux Fauconniers verreux,
> Leur estat n'est approchant des Veneurs.

(1) Parmi les gentilshommes de la fauconnerie de Henri IV, nous voyons figurer : N. Tiraqueau, écuyer seigneur de Bellebas ; J. Hillerin, écuyer seigneur de la Jartadière ; J. Aubert, écuyer seigneur du Boisvert ; Louis Ducrocq, écuyer seigneur de la Chenevière ; Pierre Girard, écuyer, et A.-J. de Sansac, premier gentilhomme et lieutenant ; tous Poitevins.

gncur d'Esparron, de Paillières, etc., gentilhomme de la chambre, commencées sous Henri IV, mais dont la plus grande partie fut composée sous le fils de ce prince. Écrivain érudit, d'Arcussia cite à tout propos les anciens, Pline, Aristote, etc., qu'il traite, du reste, avec un sans gêne de grand seigneur (1).

Après la mort de Louis XIII, la chasse au vol ne tarda pas à perdre de son éclat, et diverses causes contribuèrent à sa décadence. Il convient de rappeler tout d'abord que le petit plomb fut inventé sous Louis XIV ; cependant, dit Elzéar Blaze, ce n'est point le petit plomb qui tua la fauconnerie. — Elle déclina néanmoins avec le perfectionnement des armes à feu, qui rendit le faucon moins nécessaire pour la poursuite du gibier. On oublia peu à peu les vives émotions que peut donner la chasse à l'oiseau, pour les plaisirs plus faciles du tir et de la chasse à courre. Bien que la fauconnerie jouît encore d'une certaine faveur sous le roi Soleil, ce prince ayant une préférence marquée pour la vénerie, tout le monde

---

(1) La bibliothèque de Niort possède un exemplaire de cet ouvrage, imprimé à Paris chez J. Houzé en 1599. Il provient de la bibliothèque de Henry de Vendesy, armayer (bibliothécaire, archiviste) de l'abbaye de St-Jouin-des-Marnes, fondation royale, ordre de St-Benoist, diocèse de Poitiers, et est revêtu de la signature de son propriétaire, avec la date du 1er octobre 1647. Ce moine gentilhomme partageait sans doute ses loisirs entre les charmes de la littérature et ceux de la chasse au vol, qui, à cette époque, faisait encore partie de l'éducation de tout homme soucieux d'être le respectueux observateur des lois de la mode et du bon ton.

ne dut aimer que la chasse au cerf. Louis XIV, tout en montrant moins de goût que son père pour un passe-temps si recherché sous les deux derniers rois, s'y livra cependant quelquefois pour plaire aux dames de sa cour et déployer le faste qu'il aimait.

Le bon La Fontaine, on s'en souvient, ne craignit pas de dire, dans la fable *le Milan, le Roi et le Chasseur*, que

> « .... L'on a vu de tout temps
> Plus de sots fauconniers que de rois indulgents. »

Cette apostrophe audacieuse convient bien dans la bouche d'un poète courtisan, ignorant d'un art qui périclitait. Si, de son temps, le nombre des sots fauconniers était respectable, les bons pouvaient se compter. Ces derniers tenaient encore une place honorable à la cour ; car, d'après le journal de Dangeau, le roi chassa au vol plus de cent fois, de 1688 à 1715. La fable citée nous semble donc bien plus viser le roi que les fauconniers ; le défaut d'indulgence de l'un ne saurait en effet compromettre la valeur des autres.

Louis XV montra peu d'entraînement pour la fauconnerie. Cet art déclina de jour en jour sous son règne, et on n'exerça bientôt plus que la basse volerie.

En 1745, cependant, un gentilhomme Poitevin, du nom de Boissoudan, écrivait un ouvrage de fauconnerie, dont le manuscrit, propriété de la Société des Antiquaires de l'Ouest, a été imprimé en 1864 à la suite d'une nouvelle édition de la Vénerie de du

Fouilloux. L'auteur, dit M. Magaud d'Aubusson, y exprime le chagrin que lui causait l'indifférence du plus grand nombre des gentilshommes de son temps pour le noble exercice de la chasse au vol. Il ne se doutait guère probablement que, moins de cinquante ans plus tard, l'art qu'il prônait avec tant d'enthousiasme aurait presque complètement disparu (1).

Sous Louis XVI, malgré l'existence d'un service de vol à la cour, la chasse au vol n'en tombait pas moins en désuétude (2). Peu à peu la noblesse l'abandonna pour la chasse au fusil.

Enfin, la révolution et les guerres du premier empire donnèrent le dernier coup à la fauconnerie.

Pendant que cet art disparaissait en France, il brillait d'un nouvel éclat en Angleterre, grâce à l'arrivée dans ce pays de fauconniers Hollandais dont

---

(1) M. de Boissoudan, dont le nom était Jacques-Elie Manceau, était fils de Jacques Manceau, chevalier seigneur de la Fraignée, la Renaudière et autres lieux, et de Bénigne Manceau, dame de la Fraignée. Il se maria, le 9 octobre 1732, avec Marie-Gabrielle Gourjault, fille de Charles Gourjault, chevalier seigneur de Cerné, la Berlière, Conzay et autres places, et de Gabrielle Suyrot. Il prenait le titre de seigneur de Boissoudan, Pamplie et autres lieux.

Les Manceaux portaient : « *d'argent au chevron de gueules, au chêne de sinople en pointe sur une terrasse de même, au chef d'azur chargé de trois étoiles d'or.* »

D'après M. Beauchet-Filleau, le sieur de Boissoudan composa son traité de fauconnerie, en son château de la Renaudière, près Celles.

(2) Parmi les gentilshommes Poitevins de la fauconnerie royale, nous citerons : 1° sous Louis XIV : Georges Aubert, seigneur du Petit-Thouars ; Pierre d'Hillerin, seigneur du Buc ; 2° sous Louis XV : Martin Joseph Goulard de St-Hubert ; J.-J. Poignant, sr de la Salinière.

quelques-uns avaient servi à la cour de nos derniers rois.

A partir de 1792 (dit M. Oustalet, du Muséum d'histoire naturelle), un de ces fauconniers, nommé Jean Daams, fit même chaque année le voyage d'Angleterre en Hollande pour aller prendre des faucons hagards. Dans un de ces voyages, Jean Daams fut pour ainsi dire arrêté par le roi Louis II, qui le décida à rester à sa cour. Plus tard, lors de l'abdication du roi de Hollande, ce même fauconnier vint à Versailles, où se trouvaient quelques oiseaux de vol. Mais Napoléon, absorbé par d'autres soucis, ne porta jamais grand intérêt à cet équipage (1).

En 1841, une société fut fondée sous le patronage du roi des Pays-Bas et sous la direction du baron de Tindal, pour voler le héron dans les campagnes voisines du château de Loo. A partir de cette époque, la fauconnerie devint en Hollande aussi florissante qu'aux xvie et xviie siècles. La société du Loo réussit à prendre en 12 ans, de 1841 à 1852, plus de 1500 pièces de gibier ; mais elle fut dissoute en 1853. A l'heure actuelle, le noble art est délaissé là où il brilla pendant plusieurs années d'un trop fugitif éclat, et c'est à peine si l'on trouve encore quelques hommes experts à dresser les oiseaux dans le vil-

---

(1) A cette époque cependant, la fauconnerie avait encore de fervents adeptes en France ; et le père de l'un des auteurs, se livra fréquemment au plaisir de la chasse au vol, dans les grandes plaines qui bordent les marais d'Arçais et de St-Hilaire (Deux-Sèvres).

lage de Walkenswaard, qui fournissait jadis des fauconniers à toutes les cours de l'Europe.

De nos jours, des tentatives ont été faites pour rétablir la chasse au vol dans notre pays. Un Hawking club a même été fondé en 1866, sous la présidence de M. Werlé de Reims et avec le concours dévoué de M. P.-A. Pichot de la *Revue Britannique*. Outre ce dernier, on comptait parmi les principaux sociétaires de l'équipage : MM. le vicomte de Champeaux-Verneuil, le baron d'Aubilly, le vicomte G. de Grandmaison, le comte Fernand de Montebello et M. Jules Alphonse d'Aldama.

La réussite était venue couronner leurs persévérants efforts, lorsqu'en 1868 des circonstances particulières provoquèrent la dissolution de la société de fauconnerie de Champagne et forcèrent son excellent chef de vol, John Barr, à retourner en Angleterre. Depuis lors, la fauconnerie fut de nouveau délaissée en France.

Sous l'impulsion de quelques amateurs enthousiastes, ce beau sport cependant va revivre. Les essais qui ont été tentés depuis deux ou trois ans nous le font espérer, et nous verrons bientôt de nouveaux et plus nombreux adeptes s'adonner en France à ce charmant passe-temps, auquel les plus modestes sportmans peuvent se livrer avec succès. Si l'art du fauconnier ne possède plus à notre époque les avantages d'une grande popularité il n'a cependant rien perdu de sa perfection. Il a même gagné en ce sens qu'on ne le considère plus comme un noble et important privilège, et qu'on ne se plaît point, comme jadis, à l'entourer de difficultés et de mystères, pour le rendre inaccessible à tous.

Dans le rapide aperçu qui précède, nous n'avons pas eu l'intention de faire l'histoire de la fauconnerie. Bien d'autres, avant nous, ont abordé avec plus d'autorité cet intéressant sujet d'étude. — Aussi, sans parler des auteurs anciens, nous citerons pour permettre au lecteur de compléter notre travail, tant au point de vue historique que technique : les *Mémoires sur la chasse*, de La Curne de Sainte-Palaye, l'*Histoire de la chasse en France*, où le baron de Noirmont a consacré plusieurs chapitres à la fauconnerie.

Nous renvoyons enfin le lecteur désireux de combler les lacunes de cet aperçu, à l'excellent livre de M. Magaud d'Aubusson, édité à Paris en 1879. Dans sa *Fauconnerie au moyen âge et dans les temps modernes*, la bibliographie n'a pas été oubliée, et l'auteur a largement traité la question historique que nous effleurons seulement ici. — Nous nous bornerons à étudier, dans ce précis, la partie technique d'une science que nous avons à cœur de vulgariser.

CHAPITRE II

LES FAUCONS ET LES AUTOURS :
CARACTÈRES GÉNÉRAUX. — OISEAUX DE LEURRE.—
OISEAUX DE POING

> « Les vrais faucons, l'autour et
> « l'épervier, sont les oiseaux chas-
> « seurs par excellence. »
> (L. Magaud d'Aubusson,
> *La Fauconnerie au moyen âge.*)

Parmi les oiseaux de proie que l'on a dressés ou tenté de dresser pour la chasse au vol, les seuls usités de nos jours sont les faucons et les autours (1).

Les faucons forment un genre assez nombreux, caractérisé par des ailes étroites et pointues, dans lesquelles la deuxième plume, ou *cerceau*, est la plus longue, et qui, pliées, s'étendent, à très peu près, jusqu'à l'extrémité de la queue, qu'elles dépassent même chez le hobereau. La tête est large,

---

(1) En Europe, on repousse les aigles, parce qu'ils sont trop lourds à porter sur le poing, trop indociles, et qu'ils pourraient blesser les fauconniers. Voyez chapitre X, § IV. (*De l'aigle comme oiseau de volerie.*)

aplatie ; le bec est gros, court, fortement courbé dès son origine, et de plus il porte à la partie supérieure des dentelures très saillantes. L'iris est noir, les tarses courts, robustes, les doigts longs et déliés. L'ongle majeur est celui du pouce ou *avillon*.

Les autours ont pour caractère des ailes courtes et arrondies, la plus longue plume étant la quatrième. Pliées, elles ne s'étendent pas à beaucoup près aussi loin que celles des faucons, et ne dépassent pas le tiers supérieur de la queue, d'ailleurs proportionnellement plus longue que celle de ces derniers. La tête est mince, allongée ; le bec, déprimé latéralement, présente à la mandibule supérieure un simple feston, mais pas de dentelures ; l'iris est jaune ou orange, les tarses longs et grêles, les doigts bien déliés et fortement armés, l'ongle majeur étant celui du doigt interne.

Les premiers, doués d'un vol rapide, élevé et soutenu, guettent leur proie du haut des airs, d'où ils fondent sur elle, en une chute presque verticale.

Les autours, au contraire, à l'affût sur une basse branche ou un buisson, attendent patiemment qu'une proie passe à bonne distance pour s'élancer sur elle avec la rapidité de la flèche, dans un effort subit, impétueux, mais de courte durée, après lequel ils n'ont de ressource qu'en une poursuite assez rapide à tire-d'aile qu'ils ne poussent jamais bien loin. Aussi, quand ils manquent, au départ, le gibier convoité, ils l'abandonnent ; ou, s'il se remet, ils prennent branche pour l'épier à terre, à leur avantage, et tenter une nouvelle attaque s'il vient à repartir.

Parfois aussi, on les voit rasant le sol d'un vol bas et furtif ; ils surprennent ainsi à l'improviste, dans les herbes, les broussailles, le long des haies, les oiseaux et mammifères dont ils font leur nourriture, et s'en saisissent en passant, même au milieu du fourré, avec une incroyable dextérité.

On a dû, dans le dressage respectif de ces deux sortes d'oiseaux, tenir compte de leur conformation. Et bien que, dans beaucoup de cas, les uns et les autres, au départ du gibier, fassent également leur diligence à la toise, néanmoins, un observateur attentif apercevra bientôt les différences, aisément appréciables, qui existent dans leur manière de capturer la victime qu'ils ont choisie.

Les faucons, une fois sur l'aile, entreprennent immédiatement la proie qui fuit, ou bien montent à l'essor, et suivent leur maître en volant au-dessus de lui. Ils reviennent volontiers, surtout les petites espèces, à l'appel du fauconnier, quand ce dernier leur tend la main gantée, en sifflant ; mais souvent, pour les amener à bas, on doit leur montrer le leurre qui sert à les reprendre après un vol infructueux. Aussi, pour ce motif, sont-ils dits *oiseaux de leurre*. Les autours, au contraire, reviennent de préférence au poing, ou au tiroir, parce que, ne faisant en action de chasse qu'un effort de courte haleine, ils retournent de suite vers leur maître, en cas d'insuccès, ou se branchent assez près pour qu'on les prenne en leur présentant le poing ganté, sur lequel ils sont portés d'habitude. C'est pour cette raison qu'on les appelle *oiseaux de poing*. Beaucoup de fauconniers

les accoutument cependant à bien prendre le leurre,
parce que ces oiseaux, d'un caractère bizarre et chan-
geant, se montrent sourds parfois au rappel, ou
manquent la main et vont se percher de nouveau
plus loin. Dans ce cas, le leurre, et surtout le leurre
à vif, peut être d'une grande utilité.

Les oiseaux de chasse à longues ailes exigent,
pour développer leurs qualités, un terrain découvert ;
sinon, leur proie ira se réfugier dans un arbre ou
un buisson d'où ils ne pourront la déloger. Les autours, au contraire, ou oiseaux à courtes ailes,
chassent au bois, le long des haies, et plongent leur
serre au milieu du fourré pour y saisir le passereau,
le pigeon ou le lapin qui croyait y avoir trouvé un
asile inviolable.

On conçoit, d'après ce qui précède, que le choix
d'un terrain convenable soit d'une très grande im-
portance au point de vue de la réussite d'un vol.

Ainsi, pour voler convenablement la caille ou le
perdreau avec le faucon pèlerin, il faudra aller
chercher ces oiseaux dans les champs, à une certaine distance des remises boisées. Le vol de la pie
exige un terrain coupé de haies vives, de buissons
et de quelques arbres ; car tout le piquant de ce
vol consiste dans les ruses de la pie, qui, sans la
ressource de ces refuges, d'où il faut constamment
la déloger, perdrait trop promptement haleine et
n'aurait aucune chance d'échapper, sur un terrain
découvert, aux premières atteintes de son ennemi.
Pour chasser corbeaux et hérons, il faut de vastes
plaines et un sol sensiblement égal, afin que la

compagnie des chasseurs puisse suivre à cheval
la carrière tracée par l'oiseau, et qui souvent s'étend
à de grandes distances.

Enfin, les émerillons et autres petits faucons ne
prendront bien les alouettes que loin des bois,
tandis que les autours et éperviers peuvent, en
somme, chasser à peu près partout.

Il est à remarquer que les faucons et les hobereaux, dont les ailes sont très allongées, hésitent à
frapper une proie à terre. Ils écument, comme on
dit, leur victime, que la frayeur cloue parfois im-
mobile sur le sol. Les émerillons, qui ont à propor-
tion les ailes bien moins longues, et risquent moins
de les heurter à terre, dans un vol rasant, réussissent mieux à saisir leur victime quand elle cherche
à se réfugier sous une touffe de gazon, dans les
broussailles ou les hautes herbes. Plus tenaces
sont encore les crécerelles à qui leurs pennes molles
et élastiques, moins susceptibles de se froisser, per-
mettent de ramasser littéralement sur le sol les mulots, les taupes et les gros insectes qui forment la
base de leur nourriture.

Quoi qu'il en soit, et sous aucun prétexte, ne
faites point voler les oiseaux en terrain défectueux.
Outre que vous vous exposez à les perdre, ils ne
pourront qu'imparfaitement déployer leurs moyens
d'action, manquant fréquemment leur but ; et rien,
surtout dans leurs premiers essais, n'est plus propre
à les décourager et à les gâter sans retour.

Un dernier écueil à éviter, c'est de ne pas trop
se charger d'oiseaux, surtout au début ; en effet, si

l'on veut leur donner tous les soins qu'ils exigent, et sans lesquels on ne saurait en faire des sujets de valeur, on devra se borner à en tenir au plus deux ou trois, suivant les aides dont on pourra disposer, ou même encore un seul Car, s'il est bon, il donnera plus de plaisir qu'une demi-douzaine d'oiseaux vicieux ou mal affaîtés.

D'ailleurs, chez les faucons surtout, l'émulation peut entrer pour beaucoup dans l'éducation des élèves ; et tel oiseau, un hagard par exemple, qui ne saurait se décider à venir de lui-même au leurre, au tiroir ou au poing, en prendra aisément l'habitude, en voyant un de ses congénères exécuter franchement et correctement les mêmes exercices.

CHAPITRE III

FAUCON PÈLERIN. — ÉMERILLON. — HOBEREAU. — CRÉCERELLE. — AUTOUR. — ÉPERVIER

Les principales espèces d'oiseaux de proie usités
de nos jours pour la chasse au vol sont : parmi les
faucons : le pèlerin, l'émerillon, le hobereau, la
crécerelle ; et, dans le genre autour : l'autour commun et l'épervier.

Le Faucon pèlerin (F. Peregrinus). Taille : le mâle
$0^m.38$, la femelle $0^m.46$.

Le mâle adulte est d'un gris brun en dessus ;
tête et rémiges d'une teinte plus foncée ; queue
cendrée bleuâtre barrée de brun ; parties inférieures
blanc grisâtre, avec des stries longitudinales noires
sous la gorge et des barres transversales sous le
ventre. Cuisses mouchetées de taches cordiformes ;
iris brun noisette. Bec bleuâtre, paupières, cire et
pieds jaunes.

La femelle, beaucoup plus forte que (le mâle, a les teintes plus sombres, et les taches et hachures plus pressées et plus nombreuses.

Les jeunes de l'année sont d'un brun foncé en dessus, avec des taches longitudinales brunes sous le ventre. Cire et paupières bleuâtres dans les premiers mois. Pieds jaune-verdâtre.

Cet oiseau, originaire des pays du Nord, ne se reproduit guère qu'accidentellement en France, sur les sommets des montagnes qu'il rencontre sur sa route, durant ses émigrations. Il niche, surtout en Ecosse, dans les lieux escarpés et proches de la mer. On se procure les jeunes en les enlevant du nid, vers le milieu du mois de juin.

On peut encore piéger les adultes à leur double passage de mars et d'octobre, à l'aide d'un filet, et en se servant comme appât d'un pigeon blanc, afin qu'il soit aperçu de plus loin.

Plein d'ardeur et de courage, il n'hésite à attaquer aucune proie, et on peut en quelque sorte s'en servir pour toutes sortes de gibier.

Ordinairement, le mâle vole pour pie, ramier, pigeon d'escape, perdreau, râle, caille, bécasse, merle, grive, etc.... La femelle vole pour perdrix, coq de bruyère, canepetière et corneille, bien qu'elle puisse aussi servir pour pigeon et menu gibier ; mais plus grande et plus épaisse que le mâle, elle est moins apte que celui-ci à tourner dans un petit espace, et à suivre les rapides évolutions des oiseaux de petite taille. Aussi la réserve-t-on pour ceux qui volent de droit fil, et pour les corneilles, dont la taille est en moindre disproportion avec la sienne.

Les hagards, d'un affaîtage délicat, volent pour corneille et héron; il est rare qu'on les emploie pour le gibier, car, la plupart du temps ils refusent de tenir amont au-dessus du chasseur.

Le débutant fera bien de s'en tenir au mâle ou tiercelet, avec lequel il fera de jolis vols de pies, pigeons et perdreaux.

A côté du faucon pèlerin, se placent les autres grandes espèces de faucons, savoir : les sacres et les gerfauts.

Fort appréciés autrefois, ils servaient au vol du canard, de l'oie sauvage, du héron, du milan, de la buse, etc.

Ils sont aujourd'hui devenus fort rares et, par suite, peu employés, de même que le lanier. Nous ne nous étendrons pas davantage à leur sujet.

L'Émerillon (F. Æsalon). Taille : le mâle 0^m.26, la femelle 0^m.31.

Le mâle adulte est bleu cendré en dessus, la tête et la nuque roussâtres; gorge blanche, dessous du corps roux avec taches longitudinales brunes ; la queue gris brun, barrée de noir, avec une large bande noire terminée de blanc en bordure, chez les jeunes ; la cire et les paupières sont d'un bleu livide; elles deviennent jaunes chez les adultes.

La femelle a les parties supérieures d'un brun gris et le dessous du corps moins roux que le mâle; les jeunes ressemblent à la femelle, mais leurs couleurs sont plus ternes et d'une teinte plus sombre. L'émerillon est un oiseau du Nord ; il descend chez nous en automne et son séjour s'y prolonge jusqu'au printemps. Il niche à terre, dans les bruyères, mais on trouve rarement son nid en France. Les sujets qu'on se procurera le plus aisément sont ceux de passage, pris au filet d'alouettes en automne.

L'émerillon vole pour alouette (mâle et femelle), pour pigeon (femelle), pour merle, caille, etc...

Il est, le mâle surtout, d'une complexion délicate ; il veut être bien nourri et tenu à une bonne exposition. C'est, avec l'épervier, le plus hardi et le plus entreprenant (toutes choses égales d'ailleurs) des oiseaux employés au vol.

Doux, docile et bien éducable, c'est le véritable oiseau pour les débutants.

Le Hobereau (F. Subbuteo). Taille : le mâle 0^m.30, la femelle 0^m.32.

Le mâle est d'un noir à reflets bleuâtres sur le dos, avec la nuque rousse ; le dessous du corps est blanc roussâtre, longitudinalement moucheté de brun foncé ; cuisses roux vif. Comme dans l'émerillon et le pèlerin, les jeunes ont la cire et les paupières bleues pendant les premiers mois de leur vie.

La partie supérieure chez la femelle est noir roux, et les cuisses sont d'un roux beaucoup moins vif que chez le mâle. Les jeunes ressemblent à cette dernière, sauf que les teintes du dos sont plus claires et comme fuligineuses. Dans le hobereau, les ailes pliées s'étendent au delà de la queue.

Ce faucon devient rare chez nous. Très doux et d'un apprivoisement facile, il n'est pas, de bien s'en faut, d'aussi grand courage que l'émerillon. Il vole pour alouette et oisillons, et M. Salvin a même réussi à tuer des pigeons avec de bonnes femelles. Quoi qu'il en soit, il volera bien toutes proies d'escape et donnera du plaisir aux commençants par sa gentillesse et sa douceur.

La Crécerelle (F. Tinnunculus). Taille : le mâle 0^m.35, la femelle 0^m.37.

Parties supérieures du corps d'un roux vineux, varié de taches angulaires noires ; ventre roux moucheté de brun ; le mâle adulte a, de plus, la tête et la queue d'un beau bleu cendré. Les jeunes de l'année ressemblent à la femelle. Cire et paupières jaunes en tout temps.

Elle niche à peu près partout en France, tant sur les arbres de nos forêts que dans les vieilles murailles. Elle est sociable et familière, extrêmement douce, et bien éducable. Il est à regretter qu'elle ne manifeste, une fois privée, que peu d'entrain pour chasser la proie libre. Toutefois, elle vole aussi, et dans la perfection, les rats et mulots qu'on peut lâcher en pleins champs devant elle, en ouvrant le piège qui les renferme. Très commune en tous pays, elle peut être utile au débutant, qui, avec elle, s'accoutume au maniement des oiseaux de proie. Quelques sujets exceptionnels volent même, suffisamment, l'alouette d'escape.

L'Autour (A. Palumbarius). Taille : le mâle, 0^m.52, la femelle 0^m.60.

Le mâle adulte est d'un brun cendré en dessus, avec dessous du corps blanchâtre rayé de brun transversalement, les tarses longs et relativement minces. L'iris est jaune au lieu d'être noir, comme chez les faucons, et le bec n'a pas de dentelures. Cire et paupières jaunes.

La femelle est plus brune en dessus, et les hachures des parties inférieures sont plus nombreuses et plus pressées.

Les jeunes diffèrent absolument des adultes par les teintes du dos qui sont plus claires ; le ventre est roux, parsemé de larmes brunes.

Doués d'un grand courage et d'une incroyable énergie, ces oiseaux de poing sont d'excellents chasseurs ; malgré leur docilité, leur caractère laisse à désirer ; il est incertain et sujet à de brusques retours. Aussi, leur dressage exige-t-il du tact et beaucoup de patience.

L'autour vole pour faisan, perdreau, râle, caille, poule d'eau (mâle) et pour lapin (femelle). Enfin, les femelles très vigoureuses peuvent aussi attaquer le lièvre avec succès.

L'Épervier commun (A. Nisus). Taille : le mâle 0^m.32, la femelle 0^m.37.

Adulte, le mâle ressemble assez à l'émerillon par ses parties supérieures, bleu cendré, son ventre roussâtre taché de brun ; mais les taches du dessous du corps sont transversales. Les tarses sont minces, longs et d'un jaune très vif. Iris jaune ou orange chez les vieux sujets. Cire et paupières jaune citron.

La femelle ressemble au mâle, mais les teintes de son plumage sont beaucoup plus sombres.

Les jeunes des deux sexes sont semblables comme couleurs, ayant le dessus du corps brun foncé ou roussâtre, et le dessous blanc sale et strié finement de brun.

C'est, de tous les rapaces, celui chez lequel la différence de taille entre le mâle et la femelle est le plus tranchée.

Vif et courageux, l'épervier est un oiseau d'excellent travail. Le mâle est d'un tempérament très délicat ; la femelle, relativement assez robuste, vole parfaitement le pigeon, le merle, la caille et tous les oisillons des champs et des buissons.

Son affaitage, comme celui de l'autour, présente quelques difficultés en raison de la sauvagerie et du caractère douteux et fantasque de cet oiseau, qui, plus que tout autre, demande à être traité avec douceur et ménagement.

CHAPITRE IV

EXPLICATION DES PRINCIPAUX TERMES DE FAUCONNERIE

« Sed neque quam multæ species, et nomina quæ sint,
« est numerus. »
(Virg., Géorg., II, 103.)
« On n'en saurait dire tous les noms, ni désigner toutes
« les espèces. »

Avant que d'entreprendre la description des procédés de dressage usités de nos jours, nous empruntons à l'excellent ouvrage de MM. Chenu et O. des Murs l'explication de quelques-uns des termes les plus usités de la fauconnerie moderne. Dans la liste qui suit, on trouvera la nomenclature et le détail des engins nécessaires à l'installation, au maniement et au dressage des oiseaux de proie.

Abaisser. — Rationner les oiseaux trop gras pour les entraîner; on dit aussi *essimer* et *tenir ferme*.

Affaitage, affaiter. — Dresser un oiseau de proie. Affaitage se dit aussi du temps consacré au dressage et des soins qu'exigent les élèves.

Amont. — Voler amont, se dit du faucon qui se soutient en l'air contre le vent en attendant le départ du gibier.

Armer. — On arme un oiseau quand on lui met les entraves et les grelots. On arme les cures (*voyez* ce mot), quand on les garnit de viande hachée, pour engager les oiseaux à les prendre.

Bain. — Baquet peu profond, dans lequel on présente le bain aux oiseaux de vol. Pour cela, on met ces derniers au bloc, tout près du baquet, et on s'éloigne, car, à part les niais, il est rare qu'ils se baignent en présence de l'homme.

Balai. — Queue des oiseaux de chasse. Quelques fauconniers disent que ce terme n'est employé que pour les oiseaux de bas vol.

Beccade. — Petit morceau de viande, qu'on donne à la main aux oiseaux.

Bloc. — Support massif en bois, de forme conique, de 0ᵐ.30 de hauteur environ, auquel les oiseaux sont attachés, à longueur de longe, à l'aide d'un piton fixé sur un des côtés. On peut y placer les oiseaux pour les jardiner au soleil, mais il est préférable de les tenir ordinairement à la perche, qui exige moins de place, l'oiseau y étant lié très court. Si ce dernier se débattait, il faudrait le placer dans un appartement obscur. (V. pl. I, fig. 1.)

Boîte au pât. — Boîte en fer-blanc où l'on met la viande, ou pât, destinée aux oiseaux.

Branchiers. — Les oiseaux dits branchiers sont ceux qui ont été pris à la sortie de l'aire, sur les branches, et ne pouvant encore ni voler ni poursuivre une proie.

Cage. — Civière montée sur quatre pieds, au centre de laquelle se place le fauconnier porte-cage, et qu'il soutient à l'aide de deux bretelles, pour la transporter. Les oiseaux chaperonnés sont attachés autour de cette civière.

Chaperon. — Coiffe ornée dont on recouvre la tête des oiseaux de vol. Le chaperon, plus ou moins riche ou coquet, se fait avec des cuirs de couleurs vives, et se compose d'œillères ajustées sur des formes en bois. Il doit être bien proportionné à la tête de l'oiseau ; trop large, il ne tient pas ; trop étroit, il blesse ou froisse les plumes. (V. pl. I, fig. 1).

Charrier. — L'oiseau charrie sa proie quand, après l'avoir prise, il la traîne à terre ou l'emporte au loin.

Cire. — Membrane qui couvre la base du bec des oiseaux de proie, et dans laquelle sont percées les narines.

Cures. — Plumes et poils roulés que les oiseaux rendent le matin par le bec ; cette déjection leur est nécessaire, et on doit leur fournir le moyen de curer, en leur donnant souvent de la viande couverte de plumes ou de poils, afin qu'ils puissent ensuite les rejeter par le bec, ainsi qu'ils le font à l'état sauvage. On examinera chaque matin les cures ou *pelottes* de la nuit ; elles doivent être fermes, bien moulées, grises et sans odeur désagréable.

On appelle aussi *cures* des pilules de plumes, d'étoupes ou de poils, garnies de viande, qu'on donne aux oiseaux pour favoriser la digestion.

Descente. — Mouvement rapide de l'oiseau qui du haut des airs plonge sur sa proie.

Emeus. — Fiente des oiseaux de chasse. Ils doivent être blancs et clairs ; bleus ou verts, ils sont un signe de maladie.

Escaper. — Mettre en liberté. Le fauconnier escape un héron, une perdrix, un pigeon, pour faire voler le faucon qu'on veut dresser. Mettre à l'escape un pigeon ou tout autre oiseau, c'est aussi le mettre à la filière pour la leçon.

Fauconnerie. — Chambre où se fait l'éducation des oiseaux de proie, et où on les place la nuit durant les mauvais temps ; elle doit être bien aérée et éclairée, munie de volets, pour pouvoir être rendue obscure à volonté ; enfin aussi exempte que possible d'humidité. Le sol sera recouvert de sable fin ou de sciure de bois, et préférablement de bois de sapin.

Fauconnière. — Gibecière du fauconnier. Elle a deux poches, l'une pour loger les instruments du métier, l'autre pour recevoir les oiseaux vivants destinés à l'éducation des faucons en plaine.

Filière, on dit aussi *créance* et *tiens-le bien*.— Ficelle légère et résistante de 20 à 30 mètres de long, qui s'attache aux jets pour permettre à l'élève une certaine étendue de vol, tout en le tenant captif, ou qui sert à faire voltiger un gibier destiné aux leçons.

Gant. — Le gant des fauconniers est en daim, renforcé au pouce et sur le dessus, s'il doit servir pour les grandes espèces, avec un crispin remontant jusqu'au coude.

Gorge. — Indication de la quantité de nourriture donnée. Gorge chaude : nourriture vivante.

Hagard. — Oiseau sauvage en livrée complète.

Introduire. — Un oiseau est introduit quand, après les premières leçons, il se montre docile et répond aux soins qu'on lui donne.

Jardiner. — Exposer les oiseaux dehors, au soleil.

Jeter. — On jette un oiseau de leurre quand on le fait partir du poing pour suivre le maître en volant au-dessus de lui ou pour poursuivre une proie. — *Lâcher*, se dit des oiseaux de poing.

Jets. — Lanières de cuir souple et mince, mais très résistant, fixées autour des tarses des oiseaux de vol par un nœud bouclé. Les jets pour petites espèces auront environ 2/3 de centimètre en largeur sur 15 cent. de long ; et un centimètre à un centimètre 1/4 de large sur 15 à 20 cent. pour grandes espèces, suivant la taille et le sexe.

Voici, suivant M. Freemann, un procédé pratique pour tailler et ajuster les jets :

« Prenez une lanière de cuir dépouillé, mince
» et de force moyenne, de longueur convenable.
» Taillez-la en pointe, à partir d'un bout, de ma-
» nière à donner au jet une largeur d'environ
» un 1/2 pouce, sur un pouce de longueur. Dimi-
» nuez ensuite graduellement la largeur jusqu'à 1/3
» de pouce ; mais en arrivant près de l'autre bout,
» élargissez un peu.
» Au bout le plus large, faites une fente, près de

» l'extrémité : un pouce plus loin, faites-en une
» seconde, et une troisième enfin, plus longue, à
» l'autre bout du jet; graissez ce dernier. Faites
» tenir l'oiseau par un aide; prenez l'extrémité
» appointée du jet qui porte les deux fentes, et, pas-
» sant cette extrémité autour des tarses du faucon,
» faites-la pénétrer à travers le deuxième trou. Puis,
» à travers les deux trous superposés, et bien ou-
» verts à l'aide d'une alène de bois, coulez l'extrémité
» libre du jet, et la faites glisser jusqu'au bout. La
» fente pratiquée à la partie inférieure du jet n'a rien
» à faire ici ; elle sert à recevoir le porte-mousqueton
» ou vervelles formant tourniquet. Pour ce faire,
» passez successivement le bout de chaque jet à tra-
» vers la boucle supérieure du porte-mousqueton,
» et l'autre boucle à travers la fente du jet. Tirez un
» peu, de telle sorte que le jet reste assujetti suffi-
» samment autour de la boucle ou anneau supérieur,
» et ne s'empêtre pas dans le tourniquet du porte-
» mousqueton (1). » (V. pl. III, fig. 3.)

Leurre. — Rappel des oiseaux de vol. Le leurre
classique est formé d'une planchette recouverte des
deux côtés par les ailes et le manteau d'un pigeon.
Il est en outre garni, entre les deux ailes, d'un petit
ruban destiné à nouer au besoin un morceau de
viande. A sa partie supérieure est fixé un anneau
qui reçoit une longe, permettant de l'agiter en l'air

---

(1) *Practical falconry,* by Gage Earle Freeman, M. A. — London, 1869, chapter I.

pour le faire voir de loin par l'oiseau qu'on leurre.

M. Salvin conseille de faire le leurre en fer à cheval allongé, et tout garni en cuir, avec un bourrelet formant bordure, et plusieurs rubans de fil fixés au milieu de la sole formée par la partie centrale du leurre, pour y attacher la viande. On peut si on veut y mettre des ailes de pigeon ; mais elles ne paraissent pas rendre le leurre plus attirant, et l'oiseau s'amuse souvent à les plumer, dégradant ainsi cet engin. Le meilleur rappel est toujours un oiseau mort ou vif (1). (V. pl. III, fig. 1 et 6.)

Leurrer. — Rappeler un oiseau à l'aide du leurre. — Pour instruire les faucons à bien connaître le leurre, on doit au début les affriander fréquemment, et, en tout temps, leur faire prendre une bonne partie de leurs repas quotidiens sur cet engin. — L'oiseau connaissant bien le leurre, on le place, étant

---

(1) « On fait un bon leurre avec deux ailes de pigeon solide-
« ment attachées. Au milieu, une rondelle de plomb percée et
« recouverte de peau de daim. Par le trou on passe un lacet de
« cuir avec lequel on balance le leurre ; on fixe ensuite de chaque
« côté deux cordons pour attacher la viande. Il faut observer
« que le leurre ne soit ni trop lourd ni trop léger. Fatigue dans
« le premier cas ; dans le second, danger que le faucon ne
« l'enlève avec la viande, ce qui est une habitude difficile à dé-
« raciner une fois prise.

« Pour l'émerillon, le leurre doit être plus petit. Il suffit d'un
« sac en peau de daim rempli de menu plomb, et attaché par le
« milieu en forme de sablier. On coud quelques plumes aux ex-
« trémités, et on y passe pour le balancer un lacet de soie. Au
« bout de celui-ci, on place un sifflet à chien qui sert à appeler
« l'attention de l'oiseau sur le leurre. » (James Hudson, *Gazette
des chasseurs*, 2 juin 1883.) On appelait *traîneau*, un lapin ou un
« lièvre empaillés servant de leurre.

affamé, sur le poing d'un aide, ou même, à la rigueur,
sur un mur ou une barrière, et on le sollicite à venir
à distance en lui montrant le leurre qu'on traîne à
terre de temps en temps devant lui, jusqu'à ce qu'il
se décide à fondre dessus franchement. Puis, à
mesure des progrès réalisés, on augmente petit à
petit la distance, et on stimule l'élève de la voix et
du sifflet. Lorsqu'il vient sans hésitation, on jette
le leurre d'abord près de soi, puis de plus en plus
loin, ainsi qu'il sera dit plus tard à l'article de l'affaîtage définitif, évitant avec soin que l'oiseau le
saisisse en l'air, surtout si c'est un leurre pesant,
car, dans ce cas, il pourrait se disloquer les jambes.
Il faut encore, quand on veut faire tenir le faucon
amont, veiller à ce que passant rapidement près de
vous, tandis que vous le leurrez, pour l'amener à
bas, l'oiseau ne se heurte à la laisse du leurre ; il
courrait grand risque de s'y casser les ailes.

Terminons en disant que le leurre se manie en le
faisant tournoyer au-dessus de la tête ; on le lance
ensuite comme une fronde, plus ou moins loin, suivant les cas (1).

Lier sa proie. — Se dit du faucon qui, à l'aide de
ses serres, arrête le gibier qu'il chasse ou le tient à
terre. L'autour *empiète* sa proie, le faucon la *lie.*

Longe. — Lanière en cuir longue de 0 m.80 centimètres, large d'un centimètre, munie d'un bouton
de cuir à l'une de ses extrémités ; elle sert à attacher

---

(1) Voyez chapitre X, § v.

les oiseaux de vol à la perche ; on l'enlève pour le vol, ainsi que le tourniquet, mais ils gardent constamment les jets. Il sera bon de tenir la longe graissée. (V. pl. III, fig. 5.)

Mains. — Serres des oiseaux de leurre ; les serres des autours conservent le nom de *pieds*.

Mue. — L'âge des oiseaux de chasse est indiqué par le nombre des mues annuelles. On dit faucon d'une, deux ou trois mues.

On donne aussi le nom de *mues* aux cages ou chambrettes où les oiseaux sont placés séparément.

Niais. — On désigne sous ce nom les oiseaux pris dans l'aire et élevés à la fauconnerie.

Oiseaux d'escape. — Ce sont ceux qu'on lâche devant un faucon pour le dresser ou pour les lui faire voler.

Passager. — Oiseau adulte pris au passage pendant une migration (1).

Pât. — Nourriture particulière des oiseaux de fauconnerie. *Paître les faucons*, c'est donner le repas aux oiseaux.

Pelote. — Détritus de plumes, de poils, d'os, etc., que l'oiseau ne peut digérer et qu'il rejette.

Pennes. — Longues plumes des ailes et de la queue. Les pennes des ailes ne sont pas de même

---

(1) V. Chenu et O. des Murs pour la description des pièges employés à la capture des faucons passagers.

longueur ; la plus longue est désignée sous le nom :
la longe. C'est la seconde chez les faucons, et la
cinquième chez les autours.

Perchoir ou *Perche haute*. — Support portatif qui
sert à reposer les faucons et éperviers, une fois
introduits. La partie transversale doit être de gros-
seur telle que les oiseaux la puissent bien embrasser
avec les serres. On garnit le dessous de cette pièce
d'un rideau de fort canevas ou de paille tressée, pour
que l'oiseau, attaché à longueur de jets, n'enroule
pas sa longe autour de la perche. Les trétaux ou les
pieds qui la supportent peuvent avoir de un mètre
à un mètre dix centimètres de hauteur (1). (V. pl. II.)

On peut aussi tenir les rapaces à *courtes ailes*
(autours et éperviers) sur la *perche courbe*. Cette
perche est faite d'un cerceau de bois revêtu de son
écorce, plié dans de l'eau chaude, et maintenu dans
cette position par un fil d'archal, après y avoir coulé
un anneau d'un plus grand diamètre, qui reçoit la
longe. Les extrémités du cerveau sont armées de
pointes de fer qui servent à le fixer dans le sol, si
l'on n'aime mieux les cheviller sur une planche
épaisse pour pouvoir transporter plus facilement cet
engin qui permet de délasser l'oiseau de la perche
haute. (V. pl. I, fig. 2.)

La perche courbe a été modifiée en y introdui-
sant, concentriquement au cercle de bois, un cerceau
de fil d'archal qui porte un écran de toile pour em-

----

(1) **Voir encore, pour la *perche haute*, chap. VIII (*in fine*).**

pêcher la longe de s'enrouler quand l'oiseau passe sous la perche.

Les blocs et perches exposés à la pluie doivent être soigneusement peints. (V. les notes du chap. vi.)

Piquet. — On met un oiseau vivant au piquet quand on l'attache à un petit piquet, à peu de distance de l'élève qui doit le connaître et finit par le dévorer.

Porte-mousqueton ou *tourniquet.* —Petits anneaux métalliques (vervelles) réunis en un point de leur circonférence par un clou rivé qui leur permet de tourner l'un sur l'autre, de façon à empêcher l'enroulement de la longe. L'anneau supérieur est fixé aux jets par un nœud coulant; l'anneau inférieur est destiné à recevoir la longe. (V. pl. III, fig. 4.)

Sonnette. — Petit grelot très léger fixé au tarse gauche, au-dessus des jets, par une jarretière de cuir. Rarement on en trouve d'assez légères pour les petites espèces. Certains fauconniers préfèrent, suivant un usage oriental, attacher la sonnette aux deux rectrices médianes de la queue (1). (V. pl. III, fig. 2.)

---

(1) Voyez F.-H. Salvin, chap. II. Ce mode d'attache est réservé pour les autours qui, perchés, agitent presque continuellement la queue et font ainsi tinter leur sonnette.

Pour se procurer tous ustensiles de fauconnerie, voyez p. 63 de ce Traité.

Sors. — Surnom des oiseaux de proie qui sont dans leur première année avant la mue.

Tiercelet. — C'est le mâle des oiseaux de proie, celui d'épervier se nomme *émouchet*.

Tiroir. — Aileron frais ou sec de volaille, dont on a enlevé la majeure partie de la chair, et employé pour rappeler l'oiseau au poing, et aussi pour l'y tenir tranquille en l'occupant.

Vif. — Donner du vif, c'est donner une nourriture vivante.

Voler. — Chasser avec les oiseaux de vol.

CHAPITRE V

ENLÈVEMENT DES POUSSINS DU NID.
INSTALLATION, NOURRITURE ET AFFAITAGE
PRÉPARATOIRE DES OISEAUX DE VOL.
EMPLOI DU LEURRE ET DU FILET CIRCULAIRE.

« Mon espoir est en pennes ! »
(Devise de l'équipage royal du Loo.) [1[

Généralement, les jeunes rapaces, tant qu'ils séjournent dans le nid, poussent, en appelant leurs parents, des cris répétés qu'on entend de loin et qui font aisément découvrir leur demeure.

Les petites espèces nichent, à part l'émerillon, à peu près partout dans nos contrées. L'autour habite les grandes forèts de nos départements du centre et de la Normandie. On le rencontre assez fréquemment dans celle de Lyons, en Vexin (2). Pour ce qui est des pèlerins, ils se reproduisent si rarement en France, qu'on n'y saurait trouver leur aire que par

---

(1) Société de fauconniers fondée en 1841, sous le patronage du roi des Pays-Bas, et dissoute en 1853.

(2) Il est fréquemment capturé à l'état adulte, aux passages d'octobre et mars, par les chasseurs de ramiers, dans les Landes.

hasard. Ceux qui voudront s'en procurer de niais devront s'adresser en Angleterre, ou mieux, en Écosse et en Irlande, à des fauconniers de profession qui, chaque année, font enlever les petits des nids dont ils ont eu connaissance.

Les grandes espèces de faucons établissent leur demeure sur de hauts rochers ou des falaises escarpées ; de préférence, au bord de la mer. Il faut, pour aller dans ces endroits dangereux capturer les jeunes rapaces, des individus énergiques et habitués aux ascensions périlleuses. Souvent aussi, on suspend par des cordes un garçon agile et courageux, au-dessus de la falaise ou des roches hantées par les faucons, pour qu'il puisse en visiter toutes les anfractuosités et découvrir ainsi leurs retraites parfois dissimulées avec soin, et placées à l'abri des regards indiscrets.

Dès qu'on a eu connaissance d'une aire, il est bon de la faire surveiller afin de choisir le moment opportun pour l'enlèvement des poussins. D'ailleurs, quand on les voit battre des ailes et regarder par dessus les bords du nid dès qu'ils entendent un bruit insolite, ou qu'on frappe d'un bâton l'arbre qui les supporte, on peut juger qu'il est temps de s'en emparer.

Toutefois, il faut auparavant s'assurer qu'ils ont la queue à demi-longueur, et les pennes bien sorties ; sans quoi, ils risqueraient fort d'être atteints de *crampes* qui, pussent-ils en guérir, les laisseraient impropres à tout usage, les membres disloqués et paralysés. Si donc, en les voulant capturer,

on s'apercevait qu'ils ne sont pas suffisamment
développés, mieux vaudrait les laisser, et attendre
quelques jours encore.

Le moment venu, on fera monter (ainsi que cela
a été dit plus haut), sur l'arbre ou sur le rocher où
le nid a été découvert, un garçon agile muni d'une
longue ficelle qu'il déroule une fois arrivé auprès de
l'aire. A l'aide de cette ficelle, il hisse un panier
muni de son couvercle, destiné à recevoir les poussins, déposés avec précaution sur un nid de foin ou
de paille. Le panier descendu lentement et sans
secousses, on l'emporte à la maison avec son con-
tenu.

Dans un angle de la fauconnerie, on disposera,
pour y installer les jeunes oiseaux, et à un mètre
de hauteur environ, une plate-forme recouverte de
paille souvent renouvelée. S'il s'agit d'éperviers ou
d'autours, on les placera à même le sol, dans une
caisse à bords très peu élevés, garnie d'une bonne
litière. Les jeunes de ce genre, en effet, sont très
remuants, et, tombant fréquemment de leur aire
artificielle, ils se trouveraient exposés à quelque
grave et irréparable accident.

D'autres fauconniers préfèrent installer les
oiseaux en plein air, dans un panier ou une futaille
défoncée, placés à l'exposition du sud-est, munis
en outre d'un couvercle se rabattant par devant et
retenu par deux ficelles placées sur les côtés, de
manière à former une sorte de passerelle analogue
à celle de nos colombiers. Cette passerelle est soigneusement relevée chaque soir, et fixée par un

lien quelconque, pour éviter aux élèves toute fâcheuse visite pendant la nuit.

Trois fois par jour, à 7 heures du matin, à midi et à cinq heures du soir pour les petites espèces, deux fois par jour pour les grandes, ou, dans tous les cas, *plus souvent s'ils le demandent par leurs cris*, les jeunes oiseaux sont pus de viande fraîche, hachée menu, exempte de nerfs, graisse et autres parties indigestes. On leur présente cette nourriture, au doigt et à l'aide d'une petite pince, en faisant un appel de la voix ou du sifflet, toujours le même, que les oiseaux connaîtront bien vite, et auquel ils se rallieront ensuite, en venant se poser sur le poing ou sur la tête du fauconnier. Il est indispensable que les oiseaux reçoivent leur pât à des heures régulières, et que ce pât soit assez abondant pour assouvir leur faim, sans quoi ils deviendraient criards, ce qui est une détestable habitude, et leur pennage présenterait des défauts qui le rendent inégal et très fragile (1).

Les autours et faucons proprement dits, les hobereaux et crécerelles, robustes et peu délicats, s'accommodent de toute viande. Toutefois, le bœuf et le mouton, pour les petites espèces, doivent être mis en hachis, et mêlés d'un peu d'eau tiède avant que de leur être offerts. Les émerillons et éperviers de-

---

(1) On aidera au développement de l'ossature en saupoudrant fréquemment, en tout temps, le pât des oiseaux de vol avec du phosphate de chaux, des os, ou des écailles d'huîtres finement pulvérisés.

mandent à être nourris de viandes légères, c'est-à-dire : d'oiseaux, de volailles, de lapins, de pigeons ; le bœuf et le mouton, traités comme il est dit ci-dessus, ne seront donnés que rarement.

On aidera beaucoup au développement des jeunes plumes, en trempant de temps en temps le pât dans du jaune d'œuf cru, ayant soin, en même temps, de ne pas maculer le pennage des élèves, dont l'appétit d'ailleurs reste très vif jusqu'à ce que tout leur duvet soit tombé. A ce moment, ils commencent à voler assez aisément ; et deux repas par jour, pour les petites espèces et les autours, un seul pour les faucons proprement dits, suffisent. Mais il faut leur donner tout ce qu'ils peuvent prendre, et il importe (comme il a été dit plus haut), pour qu'ils aient des pennes égales et bien nourries, qu'ils n'aient jamais souffert réellement de la faim, dans leur jeune âge.

L'usage du leurre étant absolument indispensable pour rappeler les grandes espèces de faucons, et aussi fort utile pour toutes sortes d'oiseaux de vol, il est temps maintenant d'en dire quelques mots.

Dès que les oiseaux commencent à descendre volontiers de la plate-forme ou aire artificielle, pour venir sur le sol ou sur la main du fauconnier prendre leur pât aux heures habituelles de leurs repas, on devra les accoutumer à prendre ce pât sur le leurre où il sera attaché, en évitant qu'ils ne *charrient*, car cette habitude une fois prise est difficile à déraciner. Les autours et surtout les éperviers en sont à peu près exempts, tant les hagards que les niais ; mais les faucons, principalement les petites espèces, y sont fort sujets. On prévient chez eux ce vice, en employant, au début, des leurres assez lourds pour ne pouvoir être charriés, et aussi en leur offrant à manger *à la main*, tandis qu'ils s'acharnent sur cet engin, avec lequel on les prend sur le poing. On leur donnera, *au doigt*, quelques beccades savoureuses, ce qui les affriande et les empêche de redouter l'approche de la main.

Une recommandation importante, c'est de ne pas donner aux oiseaux de vol de trop grosses beccades à la fois. Il ne faut pas non plus les paître précipitamment, mais attendre qu'ils aient bien avalé la beccade précédente avant de leur en offrir une nouvelle.

Si les oiseaux se battent entr'eux pendant le repas, séparez-les et les faites manger successivement, sans quoi ils finiraient par charrier pour se fuir réciproquement de peur d'être pillés.

Les oiseaux du genre autour sont généralement retenus enfermés dans la fauconnerie, jusqu'à ce qu'ils aient acquis leur plein vol, et qu'on puisse commencer leur affaîtage ou dressage. Quant à ceux du genre faucon, dont la valeur principale consiste dans un vol souple, délié et soutenu, le mieux est, pour leur permettre de développer et d'exercer librement leurs ailes, de leur ouvrir la porte de leur domicile, à la condition que celui-ci soit ainsi disposé, qu'ils ne se trouvent, au dehors, exposés à aucune injure.

Point n'est besoin de dire que l'on ne doit pas avoir à la fois en liberté dans le même canton des espèces différentes d'oiseaux de vol. Ils passeraient leur temps à se houspiller réciproquement, et les petits finiraient infailliblement par devenir la victime de leurs plus puissants congénères.

Les oiseaux, une fois livrés à eux-mêmes, ne tarderont pas à sortir, timidement d'abord, rentrant souvent ; mais bientôt s'enhardissant, ils prendront leur vol et s'ébattront joyeusement sur le toit et aux alentours de leur habitation, prêts d'ailleurs à répondre au premier appel de leur nourricier.

On continuera de les paître, tant à la main que sur le leurre, aux heures habituelles, toujours à l'aide du sifflet. Tous les soirs on reprendra à la main les jeunes oiseaux *qui, avant d'être lâchés, ont été armés, c'est-à-dire munis de jets et de sonnettes qu'ils ne doivent plus jamais quitter.* On les enferme pour la nuit à la fauconnerie, où longtemps encore, les hobereaux surtout, ils dormiront étendus sur la paille de leur aire. Ils ne seront lâchés le lendemain qu'après le repas du matin. Il faudrait enfin les rentrer, même pendant la journée, en cas d'orage violent ou de pluies par trop abondantes.

D'autres fauconniers laissent leurs oiseaux entièrement libres, sans jamais les reprendre ni les rentrer, les faisant seulement manger au poing et au leurre. Ce système est surtout employé avec les grandes espèces de faucons.

Dans ce dernier cas, il arrive parfois que certains oiseaux finissent par devenir assez méfiants pour ne pouvoir être repris sur le leurre ou sur la main ; il faut alors faire usage du *filet circulaire.*

Le filet circulaire consiste en un filet monté sur un cercle de fil d'archal, brisé en deux parties égales dont l'une est fixée à l'aide de chevilles de bois ou de fer en forme de T, tandis que l'autre se replie sur la première en tournant autour des deux charnières pratiquées aux extrémités du diamètre.

Le filet forme poche au milieu, et se dissimule, le piège étant tendu, au moyen d'un semis de feuilles ou de menus branchages. Une ficelle attachée à la partie mobile, et qui aboutit derrière une haie où se tient caché le fauconnier, permet de rabattre cette partie en avant et d'emprisonner ainsi le faucon quand il se précipite pour saisir l'appât consistant en oisillons ou pigeons, suivant le cas, et qu'on attache au centre de la circonférence occupée par le filet à l'aide d'un petit piquet de bois.

Quoi qu'il en soit, les oiseaux peuvent rester dans cet état de liberté, ou de demi-liberté, au moins durant trois semaines ; le plus longtemps ne sera que le mieux. — Toutefois on n'hésite pas à les en sevrer si l'on s'aperçoit qu'ils en abusent et qu'ils chassent pour leur compte, en manquant à l'appel à l'heure des repas ; car il est temps alors de les reprendre, pour commencer leur affaîtage définitif.

CHAPITRE VI

USAGE DU CHAPERON ET DU LEURRE. VOL D'AMONT. — AFFAITAGE DÉFINITIF DES GRANDES ET DES PETITES ESPÈCES. DES DIFFÉRENTS VOLS USITÉS EN FAUCONNERIE.

Les oiseaux récemment repris viennent naturellement au poing ; il leur reste à connaître le vif, et à suivre ainsi la proie qui se lèvera aux champs devant eux ; mais auparavant, ils devront être rompus à la contrainte des entraves et du chaperon. On les attache en premier lieu au bloc, jusqu'à ce qu'ils y soient habitués ; puis enfin à la perche haute où il semble qu'il vaille mieux les tenir en tout temps (1), sauf à les mettre quelquefois au bloc sur la pelouse, notamment après le bain pour

---

(1) S'ils se débattent trop à la perche, il devient nécessaire de placer celle-ci dans une chambre absolument obscure. C'est généralement ainsi qu'on en use avec les passagers.

les délasser (1). L'habitude de la perche une fois prise, il s'agit de les instruire à se tenir en repos sur le poing ; on y arrive en les portant souvent et pendant un assez long temps, au début, profitant d'ailleurs de cela pour les mener dans des lieux fréquentés, où ils s'accoutument à la vue des objets étranges, chiens, chats, chevaux, voitures, etc. On placera aussi leur bloc ou perche, au moins deux fois par jour, dans des endroits analogues, pour achever l'apprivoisement des élèves, et les tenir, de ce chef, en constante haleine. On aurait tort, d'ailleurs, de s'exagérer tous ces soins ; quelques jours y suffisent, et, régulièrement instruit, un oiseau peut voler dix jours au plus après avoir été repris définitivement.

Les oiseaux de vol hagards ou niais ne seront

---

(1) L'oiseau doit être rompu d'abord à l'habitude de la perche haute, jusqu'à ce qu'il se décide à venir à la main ; puis, pour le délasser, on le met sur la pelouse pour le jardinage, au bloc ou à la *perche courbe*.

Voici la raison de la préférence de l'emploi de ce dernier engin pour les éperviers et autours ; ces oiseaux ayant le *balai* fort long et se tenant *très droits* et *presque verticalement* sur leurs jambes, si on les mettait au bloc où ils se placeraient naturellement au milieu de la plate-forme supérieure, ils froisseraient leur queue ; cela ne peut avoir lieu avec les perches, car le balai porte alors dans le vide.

Rien de semblable à redouter avec les faucons qui tiennent leur corps plus incliné.

Autre raison. — Les voiliers saillants ont les ongles très recourbés, et celui du doigt interne, doigt qui est très court, le plus long de tous. Or, la station sur une plate-forme leur est presque interdite par cette disposition naturelle, et il leur faut une perche qu'ils puissent aisément embrasser de leurs serres.

mis à la perche qu'après avoir été assouplis préalablement au bloc, dans un endroit tranquille. Placés en premier lieu sur la perche, ils se débattraient, et pourraient rester suspendus par les jets en danger d'apoplexie, à quoi émerillons et éperviers, les mâles surtout, sont fort sujets.

S'il s'agit de faucons, en même temps qu'on les accoutumera à se laisser tenir sur le poing, on devra les plier à supporter le chaperon. Pour chaperonner l'oiseau, il faut le prendre sur le poing ; puis, tenant le chaperon dans le creux de la main droite, le plumet entre l'index et le majeur de cette main, on en coiffe lestement, mais sans brusquerie, l'oiseau retenu par les jets. S'il se débat, il faut attendre qu'il se soit replacé sur le poing, lui donner à ronger un os où il reste fort peu de viande, tel qu'un aileron de volaille, et profiter du moment où il est absorbé par cette opération, pour essayer de nouveau de lui couvrir la tête du chaperon (1).

« L'oiseau quitte souvent le poing et se renverse
« en arrière au moment où vous le chaperonnez,
« il faut quand même assurer le chaperon puis
« relever l'oiseau. Quatre lacets se trouvent placés
« à la partie postérieure du chaperon, deux servent
« à l'ouvrir, deux à le fermer ; tenant donc l'oiseau
« sur le poing et la tête couverte du chaperon,
« vous prenez un des lacets-fermoirs de la main

---

(1) Freeman, *Practical Falconry*, chapter III.

« droite en même temps qu'avec les dents vous
« saisissez le lacet correspondant ; vous tirez alors
« en sens inverse et, les lacets formant coulisse,
« le chaperon se trouve assuré. L'oiseau peut alors
« se mouvoir sans crainte de se déchaperonner. Il
« est du reste très rare qu'un oiseau chaperonné
« cherche à se débattre (1). »

Une fois coiffé, l'oiseau reste généralement comme hébété, et tend à se renverser en avant ou en arrière. Il faut abaisser la main et la relever en cadence et sans brusquerie, pour forcer l'oiseau à s'ébattre en voletant sans le laisser choir du poing, mais assez pour l'obliger à s'y cramponner franchement. Du reste, on le déchaperonnera et on le rechaperonnera très fréquemment, gardant sans cesse entre les doigts de la main gantée un aileron ou une cuisse de volaille où il prend chaque fois quelques beccades. Il sera même très bon pour assurer sa docilité dans cette partie de son affaîtage, et pour lui faire supporter patiemment l'imposition du chaperon, de le laisser s'acharner un moment sur ce tiroir à travers le chaperon. Cet exercice se prolongera pendant toute une grande partie de la journée, jusqu'à ce que l'oiseau soit bien accoutumé au chaperon, qu'on lui ôte d'ailleurs la nuit quand il a avalé du poil ou de la plume, afin qu'il puisse rendre sa cure.

______

(1) *Manuel pratique du fauconnier au* XIX° *siècle*, par G. Foye ; librairie Pairault, 1886.

Enfin, si l'élève se montrait par trop rebelle, il faudrait, ou bien lui mettre la bride, ou bien encore lui souffler avec la bouche de l'eau froide sur les plumes afin de l'alourdir et d'amortir ses ébats. Cette opération étant parfois nuisible aux petites espèces de falconidés, nous ne conseillerons pas l'emploi pour elles du chaperon ; d'autant qu'en action de chasse il est toujours aisé de leur cacher avec la main ou le chapeau les objets susceptibles de les effaroucher ou de les distraire, et les oiseaux et gibiers qu'il importe de ne point leur laisser voir.

Disons en passant qu'on peut se procurer d'excellents chaperons ainsi que des jets, longes, sonnettes et tous les accessoires de fauconnerie, chez M. Adrien Mollen, de Valkenswaards (Hollande), et à la maison Penot, à Paris, rue des Petits-Champs, 87. On aura soin d'indiquer l'espèce et le sexe des oiseaux.

Les oiseaux du genre faucon sont les seuls qu'on chaperonne ; les autours ne sont chaperonnés que pour voyager. Il en est de même de l'émerillon.

A chaque repas, les oiseaux sont excités à venir au poing à l'appel du sifflet ou de la voix, et aussi du leurre, comme on a dit précédemment. Les autours et éperviers doivent en tout temps prendre ainsi leurs repas, pour rester familiarisés avec l'homme. Dans les premiers jours de leur séquestration, il sera bon de mettre pour cet exercice les faucons en filière. Au bout d'une quinzaine, quand l'oiseau répond bien et qu'on est sûr de lui, on *le vole* tout à fait, c'est-à-dire qu'on le laisse entièrement libre pour les exercices du leurre. Les autours ne sont mis hors filière que pour le vol seulement. Tandis que l'élève mange sur le poing du fauconnier, ce dernier devra, de temps en temps, jeter une beccade sur le sol, et exciter l'élève à descendre de lui-même à terre pour la dévorer. Il le réclame ensuite en lui montrant une nouvelle beccade sur le poing, où l'oiseau doit revenir volontiers.

De même avec le leurre : l'oiseau s'accoutumera d'abord à prendre son pât sur cet engin, à terre ; puis, tandis qu'il est placé sur le poing d'un aide, le fauconnier l'appelle en lui montrant le leurre garni de viande, à distances progressivement augmentées. Enfin, quand l'oiseau arrive près de lui, il jette le leurre d'abord à quelques pas, puis, peu à peu aussi loin que possible ; mais en évitant dans ce dernier cas que l'oiseau ne le saisisse en l'air, ce qui pourrait produire des luxations dans les cuisses ou dans les mains.

Ajoutons que les oiseaux qui ont joui d'une entière liberté ou d'une liberté trop prolongée refusent parfois de manger sur le poing pendant les premiers jours. Cependant, la faim aidant, ils ne tardent pas à se décider et à redevenir, de ce chef, aussi familiers que par le passé. Le tout est de ne pas les rudoyer et d'éviter avec eux toute impatience et toute brusquerie.

Pour les faucons pèlerins et les grandes espèces, un seul repas par jour suffit : il se donne l'après-midi. Pour les petites espèces, le repas du matin ne se compose que de quelques beccades ; encore les lavera-t-on, le jour de travail, pour en rendre la substance plus légère et moins nourrissante. Enfin, toujours avec les petites espèces, le repas du soir devra être assez abondant pour que l'oiseau ne souffre pas de la faim jusqu'au lendemain.

Pour faire connaître le vif à l'élève, on le met au bloc, à jeun, vers deux heures de l'après-midi ; près du bloc on attache à une ficelle courte fixée à un petit piquet enfoncé dans le sol, un animal du genre de celui qu'on veut lui faire voler. Il ne tarde pas à le tuer et à le dévorer, après l'avoir proprement plumé si c'est un oiseau. Cette expérience sera renouvelée de deux jours l'un jusqu'à ce que l'élève manifeste une ardeur marquée à la vue de la proie et la lie avec empressement ; et pour exciter cette ardeur, il ne recevra que peu de nourriture pendant le jour d'intervalle qu'on laissera entre deux de ces exercices.

Pour instruire un faucon à voler d'amont correctement au-dessus du fauconnier, l'oiseau étant tenu à distance par un aide, on le sollicite à venir au leurre, et lorsqu'il est près d'atteindre ce dernier, le fauconnier le dissimule par un mouvement prompt mais sans brusquerie, pour ne pas effaroucher l'élève. Désappointé, mais néanmoins attiré vers son maître, aux mains duquel il a vu le leurre, le faucon monte aussitôt verticalement à une assez grande hauteur, et s'y maintient ensuite en tournoyant, attendant qu'on lui jette sa pitance. Le fauconnier évitera d'arrêter l'oiseau dans sa montée, en lui

laissant voir trop tôt le leurre convoité ; mais, surtout au début, dès que l'oiseau parvenu au sommet
de sa carrière tournera les yeux vers son maître,
celui-ci se hâtera de lui jeter le leurre sur lequel
l'oiseau s'abattra aussitôt. On s'approche alors avec
précaution, on enlève l'oiseau et le leurre, et on tient
ce dernier sur le poing, tant que dure le repas,
servant à l'élève quelques beccades à la main, afin
de lui ôter toute envie de charrier. On peut aussi
le laisser dévorer son pât à terre, et tourner autour
de lui en sifflant et poussant des cris, afin de
l'habituer au bruit, auquel du reste il ne tarde pas
à ne plus prêter la moindre attention.

Aussitôt que l'oiseau chasseur a eu connaissance
du vif, et que, mis sur l'aile à l'heure du repas, il
monte sur-le-champ au-dessus de son maître et sans
hésitation, on devra, au lieu du leurre, lui donner
un pigeon retenu par une longue ficelle, fixée aux
jambes à l'aide d'un jet de cuir. Le faucon le liera
promptement, et on le laissera le dévorer. Dès que
l'élève exécutera cet exercice avec entrain, on lâchera
sous lui un pigeon sans filière, mais après lui avoir
enlevé quelques plumes d'une seule aile ; puis enfin,
un pigeon à qui on laissera tous ses moyens d'action,
à mesure que l'oiseau de chasse se perfectionnera
et attaquera franchement sa proie.

Si vous avez affaire aux petites espèces (bien entendu connaissant le vif), mettez l'élève en filière,
ayez en poche un oiseau approprié au genre de vol
auquel cet élève est destiné, arrachez-lui quelques
plumes d'une seule aile, de telle sorte qu'il ne

puisse que voleter sans s'éloigner notablement, et
lâchez-le après avoir prévenu l'élève par un coup de
sifflet, ou en lui parlant doucement. Si ce dernier
manque, ou s'il ne part même pas, reprenez la
proie, et recommencez, portant votre oiseau tout
près de la victime, jusqu'à ce qu'il se décide. Quand
il aura lié sa proie, attendez qu'il l'ait entamée ;
alors, approchez-vous doucement, mais franchement ; agenouillez-vous près de l'oiseau, et, lui présentant de la main droite une beccade de fine et
bonne viande, prenez de votre main gauche gantée
l'élève et sa proie morte, et laissez-le la dévorer à sa
volonté. Portez-le à la fauconnerie, et l'abandonnez
au repos jusqu'au lendemain. Dès que l'élève
lie sans hésiter la proie qu'on lâche devant lui,
on doit, à mesure des progrès réalisés, accorder à celle-ci une liberté de vol de plus en plus
considérable et finir par la laisser complètement
libre, en même temps qu'on mettra l'oiseau hors
filière.

Quant aux grandes espèces, en remplaçant les
pigeons par des pies, des cailles, des perdrix, etc.,
en filière d'abord, puis enfin libres de toute entrave,
et donnant à l'oiseau bonne gorge de chacune de
ses prises, pendant les premières séances, on
l'instruit rapidement à poursuivre la proie qu'il est
destiné à voler.

Les autours se dressent comme les petites espèces. Quand il s'agit de mettre les femelles au vol
du lapin, ce dernier est présenté à l'oiseau après
avoir été attaché à une longue filière, et on termine

en lâchant devant lui un lapin en toute liberté (1).

Il ne s'agit plus maintenant que les élèves sont introduits, que de trouver aux champs et. en terrains appropriés le gibier, au vol duquel l'oiseau de chasse est destiné, et à jeter ce dernier sur sa proie qu'on approchera le plus possible, surtout au début, afin de donner à l'élève tout l'avantage dans la poursuite qu'il aura à entreprendre.

Tout cela pourra être accompli, ainsi qu'on l'a dit plus haut, en une dizaine de jours, et quatre ou cinq sujets d'escape suffisent pour parfaire le dressage. La pratique et l'entraînement achèveront de donner à l'oiseau de vol toute l'ardeur et toute l'assurance désirables.

Faisons observer, cependant, qu'il ne faut pas se montrer trop exigeant au début ; on fera un vol par jour en commençant, et peu à peu on habituera les élèves à un travail plus sérieux. On aura soin de ne les faire voler qu'après la chaleur, jamais avec les grands vents ni la pluie, ni, au plus tôt, avant deux heures après-midi. Le vol terminé, ils seront largement récompensés de leur peine, et mis au bloc ou à la perche jusqu'au lendemain.

En cas d'insuccès, ce qui arrive en somme assez souvent, surtout au début, on aura toujours en

---

(1) Pour commencer, dit M. P.-A. Pichot, je me suis très bien trouvé d'un lièvre (ou d'un lapin) vivant, pouvant à peine courir — on lui lie « une ou deux pattes » — que je lâchais sur le pré devant l'oiseau. Toute la science du dressage de l'autour est, en résumé, dans ces quatre mots : famine, intelligence, adresse et patience.

poche un oiseau vivant, un pigeon, où même enfin un lapin, s'il s'agit d'autours ; lesquels, mis en filière et abandonnés à l'élève, lui serviront de récompense et d'encouragement. Ceci pour éviter qu'ils se dépitent, ce qui pourrait arriver aux niais, déçus dans leurs premiers essais.

Quant aux autours et éperviers (1), ils demandent à être portés fréquemment sur le poing, c'est-à-dire, au moins chaque jour à deux reprises différentes, et pendant une heure chaque fois. Là est tout le secret de leur affaitage. Le repas se donne immédiatement après.

En action de chasse, les oiseaux de vol n'ont pas le tourniquet. On leur laisse la longe passée simplement dans la fente des jets, jusqu'au moment où l'on pense trouver du gibier. On enlève alors la longe, et ils ne sont plus tenus que par les jets seulement.

Tous les oiseaux de vol manifestent par leur attitude leurs bonnes dispositions. Les faucons, vifs, familiers, d'humeur égale et courageux, se trouvent généralement en condition de bon travail, s'ils sont bien nourris et convenablement entraînés ; mais l'autour et l'épervier, d'un caractère farouche et méfiant, marquent les mêmes dispositions par des signes tout particuliers, qu'il est utile de faire connaître au jeune fauconnier :

---

(1) Pour le dressage des éperviers on se conformera à ce qui a été dit, concernant en général les petites espèces d'oiseaux de proie.

Sur le dressage des éperviers et autours, voyez chap. X, § 1.

Pour que les autours et éperviers soient en condition, il faut qu'à votre approche, ils poussent un cri sauvage et prolongé ; en même temps, ils hérissent leur nuque et leur plumage, la pupile largement dilatée. Ils saisissent la main gantée avec force, et tout, dans leur maintien annonce l'ardeur et la détermination.

Au contraire, à votre vue, serrent-ils leurs plumes, et se débattent-ils, la pupile contractée, sous aucun prétexte, ne les détachez de leur perche pour les faire voler : ils se perdraient. Continuez de les porter sur le poing, et, par un régime judicieux, plutôt que par le jeûne excessif qu'ils ne supportent pas, — l'épervier surtout, — tâchez de les amener au point voulu pour que les signes favorables détaillés plus haut se manifestent.

Une fois à ce degré d'entraînement, le travail et le régime régulier les maintiendront en haleine.

Le faucon pèlerin vole pour pie, caille, râle, perdreau, bécasse, pigeon, etc. (mâle) ; pour coq de bruyère, perdrix, grouse, faisan, corneille, héron, etc. (femelle).

Le vol du pigeon se fait en lâchant le faucon sur le pigeon qu'on escape en avant de l'oiseau de vol ; c'est une lutte de vitesse, dans laquelle le pigeon succombe le plus souvent par défaut de confiance dans la puissance de son vol.

Pour le vol du gibier, on fait voler le faucon *amont* au-dessus du fauconnier, et il exécute sa descente au départ de la pièce, levée par un chien sage et de bon rappel. S'il manque, et que le gibier poursuivi fasse sa remise, l'oiseau remonte amont de nouveau au-dessus de l'endroit où il a vu sa proie prendre terre ; c'est ce qu'on appelle « *marquer le point* ». Il faut alors se hâter d'arriver et forcer la pièce à se lever de nouveau. En cas d'insuccès, on reprend le faucon sur le leurre ou avec un pigeon mort, en filière. Si au contraire l'oiseau a fait prise, il faut l'aborder tranquillement, en ayant soin de le laisser auparavant entamer ou plumer un peu sa proie. On l'enlève doucement sur le poing, on le chaperonne, et, si c'est son premier vol, il sera même bon, après lui avoir permis de se gorger de sa proie, de le rapporter à la maison où il demeurera tranquille jusqu'à complète digestion.

Pour ces divers vols, il est nécessaire d'avoir à sa disposition un terrain aussi découvert et plat que possible, afin qu'on ne puisse perdre l'oiseau de vue ; mais pour le vol de la pie, il est bon que le terrain soit coupé de haies vives et d'arbustes, dans lesquels cette dernière prend refuge. On la déloge successivement de ses retraites (1), et c'est dans le passage d'une haie et d'un arbuste à l'autre, que le faucon, mis amont dès que la pie a été aperçue, fait sa descente, luttant de ruse et de vitesse avec sa proie qu'il ne saisit souvent qu'après

---

(1) Pour ce faire, il faut, après avoir rappelé avec le leurre les oiseaux au-dessus de l'arbre ou de la haie où la pie a pris refuge, entourer celle-ci de toutes parts, et, en poussant de grands cris, la forcer de prendre son vol *en hauteur*, afin que les faucons l'ayant bien en vue puissent exécuter convenablement leur descente.

de nombreux et infructueux assauts. Aussi, se sert-on d'ordinaire, pour ce vol, de deux faucons à la fois ; car un seul serait vite fatigué.

La corneille et le héron se volent avec des oiseaux hagards. Ceux-ci ne tiennent amont qu'après être restés plusieurs années aux mains du fauconnier. Déchaperonnés et jetés au moment opportun, ils poursuivent leur proie dans le vent ; elle cherche alors à échapper à ses persécuteurs en s'élevant par un vol circulaire, souvent à de grandes hauteurs. On donne ordinairement deux oiseaux à la corneille, et quelquefois trois au héron. De plus, pour que ce dernier puisse être aisément capturé, il ne faut l'entreprendre que quand il revient de la pêche, alourdi par la nourriture qui remplit son jabot ; sans quoi, le plus souvent, il monte jusqu'aux nues, et échappe à ses ennemis.

L'émerillon (1) vole pour l'alouette, le pigeon, le merle et les oiseaux des champs. N'oublions pas qu'on doit l'employer loin des arbres et des haies épaisses, où sa proie trouverait un refuge assuré. Un seul oiseau suffit pour pigeon ; encore faut-il que ce soit une femelle. On vole aussi avec un seul émerillon, mâle ou femelle, le merle et la grive, dans les champs et prairies éloignés des arbres. Il faut deux émerillons pour l'alouette et les oiseaux des champs ; liant en même temps leur proie, ils ne peuvent charrier, et on les reprend aisément.

---

(1) Sur l'émerillon, voyez chap. X, § II.

Le hobereau (1), quand il veut voler la proie libre, s'emploie comme l'émerillon. C'est le plus rapide des oiseaux de proie. La crécerelle vole également comme l'émerillon ; mais, généralement, elle refuse d'attaquer les oiseaux qui se lèvent du sol ; il semble qu'elle ne veuille que ce qui lui vient de la main de l'homme. De même que le hobereau, elle volera assez bien, ou du moins suffisamment pour donner du plaisir, l'alouette d'escape.

On peut encore, en lâchant des rats devant elle, les lui faire prendre sur une aire unie, ou même dans un champ assez découvert, pour qu'elle puisse bien les apercevoir. Ce vol donne une idée de celui du lapin par l'autour. Il est facile et peu dispendieux.

L'autour vole pour faisan (mâle), et pour lapin (femelle). Quelques-unes de ces dernières réussissent même à arrêter le lièvre. Pour voler le faisan, on jette l'autour au départ de la pièce ; s'il manque, il se branche, et, généralement, le vol qu'il fait en partant de cette position élevée est plus sûr que celui qu'il fait en partant de la main (2). Parfois, pour le reprendre, il faut lui montrer le leurre, ou mieux, un pigeon mort, en filière, que l'on traîne devant lui en l'appelant.

---

(1) Sur le hobereau, voyez chap. X, § iii.

(2) Néanmoins on recommande de laisser le moins souvent possible les autours ou éperviers prendre branche après un vol infructueux ; car souvent, dans ce cas, on est obligé, pour les reprendre, de leur montrer le vif, et ils finissent par refuser absolument de revenir à la main.

S'il s'agit de prendre des lapins, on les fera sortir de leur terrier avec un furet (blanc de préférence), avec lequel l'oiseau chasseur se familiarisera promptement. L'autour attend patiemment le départ de sa victime, épiant curieusement sa sortie, et la saisit en un clin d'œil par les reins et la tête, donnant au fauconnier le loisir de venir à son aide.

L'épervier vole pour oisillons des champs et des buissons. Il est excellent pour le merle, et la femelle réussit également très bien avec le pigeon. Les femelles de l'année, prises en automne, sont les meilleures pour ce vol.

Pour les oisillons des champs et des buissons, on lâche l'épervier sur les fuyards. Comme l'autour, il fait sa prise presque au départ. Pour le vol du merle, on fait battre par un aide un des côtés du buisson où se trouve l'oiseau, et on lâche l'épervier au passage du merle d'une haie à une autre. Ce vol offre quelque analogie avec celui de la pie par le pèlerin.

Pour voler le pigeon avec l'épervier, il faut, s'il s'agit de ramiers, les approcher de très près. Votre oiseau pourra peut-être réussir dans l'impétuosité de son premier effort; mais on jouit d'un joli vol, en faisant lâcher en avant de l'épervier, par un aide, et à bonne distance, un pigeon de colombier. Il ne faut pas choisir ce dernier dans les espèces les plus rapides, car il dépasserait l'épervier en vitesse. On lui donnera, au contraire, des pigeonneaux ou des pigeons d'une espèce un peu lourde qui n'exigent pas de lui un effort trop disproportionné avec ses moyens d'oiseau à courtes ailes.

Enfin, n'oubliez jamais de bien récompenser vos oiseaux à chacune de leurs prises qu'il leur faudra laisser plumer, et dont vous leur ferez manger les yeux et la cervelle dont ils sont friands.

CHAPITRE VII

AFFAITAGE DES OISEAUX HAGARDS

« Thair el horr ila haseul ma iqtrebochi. »
« L'oiseau de race, quand il est pris, ne se chagrine plus. »
(Proverbe arabe.)

Les oiseaux capturés à l'état sauvage, mieux pliés
à toutes les roueries de la chasse, sont d'excellent
travail quand on parvient à les dresser convenablement. Les petites espèces sont promptement affai-
tées ; mais les grandes exigent beaucoup de tact et
de patience, et, à franchement parler, nous n'ose-
rions guère en conseiller l'usage aux débutants.

Quoi qu'il en soit, le jour de leur réception, on les
laissera attachés au bloc, jusqu'à ce qu'ils soient
pliés à la contrainte des entraves qu'on leur met,
du reste, dès qu'on les apporte à la fauconnerie. On
placera près d'eux de la viande et des oiseaux fraîchement tués, pour qu'ils puissent manger, s'ils s'y
décident dès ce jour-là. D'ailleurs, on ne les devra
point toucher qu'ils n'aient consenti à prendre
quelque nourriture. Les pèlerins et même les éperviers et les autours sont souvent si farouches qu'on
doit les réduire par la privation de sommeil ; à cet

effet, on les fait porter par des aides qui se relaient jour et nuit, jusqu'à ce qu'ils donnent quelques signes de docilité. A ce moment, plus assurés, ils se tiendront fermes sur la perche, et on pourra les y placer, attachant leur pât à côté d'eux. De plus, on guettera le moment où ils l'entameront. On entrera doucement, et on les habituera ainsi à manger en présence de leur maître. Au bout de quelques jours, ils prennent leur pât, viande ou oiseaux, sur le poing du fauconnier qui les accoutumera au sifflet et à la voix. On devra commencer aussi, dès ce moment, à les tenir au poing, deux heures au moins par jour environ, jusqu'à ce qu'ils ne se débattent guère plus. Enfin, s'il s'agit de pèlerins, on leur fera la tête, c'est-à-dire qu'on les accoutumera à subir le chaperon comme les niais.

Pour les habituer à venir au poing, on les instruit d'abord à prendre leur pât, étant liés sur la perche, de la main du fauconnier. On place aussi, toute la journée, et jusqu'à complet apprivoisement, leur perche dans un endroit bien fréquenté, et, chaque fois qu'on passe devant eux, on leur donne à la main une beccade bien savoureuse. En peu de temps, ils connaissent leur maître, et les petites espèces ne tardent pas à se familiariser comme les niais. On peut alors les délier et, tenant l'extrémité de la longe de la main gantée, on les excite de la voix et du sifflet à venir sur le poing chercher la beccade qu'on leur montre, allongeant graduellement la distance, jusqu'à ce qu'enfin, ayant remplacé la longe par la filière, ils viennent franchement au coup de sifflet de toute la longueur de celle-ci. Les leçons continuent alors sans filière, et quand on est bien assuré de la fidélité de son élève, on lui montre le vif, au piquet d'abord, et ensuite à l'escape, terminant son éducation comme il a été dit à l'article des niais.

Les pèlerins hagards, ne volant généralement pas d'amont, sont néanmoins accoutumés au leurre ; mais on les réclame d'ordinaire, après un vol infructueux, ou lorsqu'on les met sur l'aile pour leur procurer de l'exercice, avec un pigeon mort ou vif en filière. D'ailleurs, ces oiseaux sont introduits aux vols auxquels on les emploie, c'est-à-dire au vol du héron et de la corneille, en leur montrant leur proie en filière, puis en liberté, et en les faisant partir toujours du poing, ayant soin de les déchaperonner au moment même où on lâche leur victime.

Les émerillons et hobereaux, doux et familiers, mangent, le lendemain de leur capture, sur la main de leur maître. En quatre jours, en huit au plus, ils le suivent avec la fidélité d'un chien. Trois jours suffisent, dans la plupart des cas, pour leur bien faire prendre le vif, et, après quelques essais, on peut les mettre sans crainte au vol pour bon.

On hâtera beaucoup le dressage, en donnant aux élèves, à la fin de chaque leçon, quand on les instruit à venir au poing, un oiseau vif ou fraîchement tué ; rien n'est plus propre à les attacher à leur maître, et à leur donner l'assurance indispensable pour pouvoir se fier à eux à l'air libre.

Quant à l'autour et à l'épervier, ils demandent,

en outre des soins précédents, à être portés très fréquemment, *même une fois dressés*, sur le poing de leur maître. Ne regrettez ni votre temps ni vos soins que vous ne sauriez trop prodiguer à ces vaillants oiseaux. L'autour mâle n'est guère employé, du moins par les Anglais, qui ne l'utilisent que pour le vol du râle, de la poule d'eau, ou du faisan. Mais la femelle est parfaite pour le lapin. Elle prend même le lièvre, quand elle est très vigoureuse ; à la condition, toutefois, d'être tenue à peu près constamment à ce vol. —- L'épervier est peut-être plus difficile encore à dresser que l'autour, généralement parlant ; car, soit dit en passant, les oiseaux diffèrent parfois beaucoup de caractère entre eux, et même, dans chaque espèce, d'individu à individu. Ajoutons que chez l'épervier, ainsi que le fait remarquer le docteur Chenu, ces différences de caractère sont des plus tranchées. Le point de l'éducation sur lequel on doit le plus insister, c'est l'*apprivoisement*. Si l'oiseau n'est pas parfaitement apprivoisé, il ne prêtera que peu d'attention à la proie qui partira devant lui, l'œil constamment fixé sur son maître, dont il suit avec inquiétude chaque mouvement. De plus, fût-il assez assoupli pour vouloir chasser, il charrierait à votre approche, ou même abandonnerait sa proie, et s'enfuirait quand vous vous avanceriez pour le reprendre. Au contraire, une fois bien privé, il chassera volontiers, se laissera reprendre aisément, et reviendra toujours bien, sinon au poing (à grande distance), du moins au leurre et surtout au leurre vif, c'est-à-dire à une proie en filière qu'on traîne en courant et en faisant des appels de la voix ou du sifflet.

Lorsque vous instruirez un épervier ou même un autour *hagard* à venir à la main en filière, ou à l'air libre, considérez, comme suffisant, quand il répondra avec empressement à une distance de 12 à 15 mètres. S'il manque la main et se branche, rappelez-le de très près : il reviendra ; ou bien encore, jetez une beccade à terre, bien en vue de l'oiseau : il se précipitera pour la dévorer. Présentez-lui en une seconde à la main, il sautera sur le poing. Sil restait sourd à tout rappel, ayez recours au leurre, comme il est dit plus haut (1). Une fois asservi et en condition, il se maintiendra en haleine par le travail et les bons soins.

Mais si la douceur et la patience sont déjà indispensables pour le dressage des niais, on ne devra jamais perdre de vue qu'un mouvement brusque, un moment d'oubli ou un manque de tact, peuvent compromettre, parfois sans retour, l'éducation d'un oiseau hagard, ou tout au moins faire perdre le fruit d'un long et laborieux affaîtage. On devra donc étudier le caractère de chaque oiseau, et mesurer les soins à lui donner, à son ardeur, à la confiance qu'il montrera à son maître, et à son tempérament qui sera l'objet d'une observation sérieusement approfondie.

---

(1) Voyez chap. X, § VII : *Comment on reprend les faucons perdus.*

CHAPITRE VIII

HYGIÈNE ET SOINS GÉNÉRAUX (1).

Per varios usus artem experientia fecit,
Exemplo monstrante viam.
(Manilius, I, 59.)

« C'est par différentes épreuves que
« l'expérience a produit l'art; l'exemple
« nous a montré la route. »

La vraie science du fauconnier et la partie la plus délicate de sa tâche consiste à savoir conserver ses élèves une fois mis en condition. Dans la lutte avec leurs instincts, ils sont sujets à quelques accidents. Cependant les maladies des oiseaux de vol sont peu nombreuses, presque toujours les mêmes, et dépendent en général de la même cause, la captivité (2).

« Le jeune fauconnier, dit le capitaine Salvin, « devra sans cesse veiller à la santé et au bon « état de ses élèves ; car tout manque d'attention « de ce chef pourrait avoir des conséquences dés-« agréables. Un plumage en ordre, un œil clair

---

(1) Voyez aussi chap. X, § vi : *Soins journaliers à donner aux oiseaux de vol.*

(2) Chenu et O. des Murs.

« et bien ouvert, avec un bon appétit, sont les in-
« dices de condition satisfaisante, qui ne peuvent
« être obtenus que grâce à une constante propreté,
« un air pur, une nourriture appropriée et un
« exercice régulier. »

On juge du bon état des oiseaux, dit encore le
même auteur, en leur tâtant la poitrine et les cuisses,
dont les muscles doivent être fermes et arrondis. On
reconnaît qu'un oiseau est d'un bon tempérament
lorsque ses *emeus* sont blancs, réglés et demi-liquides,
qu'ils ne sont point épais et verdâtres, et qu'après la
digestion il rend sa *cure* sèche et ferme, et non couverte de mucosités. Aussi, on surveillera les déjections et les cures, afin de pouvoir apporter les remèdes nécessaires au mal dès qu'il se manifestera.
De plus, il faut éviter de faire voler un oiseau qu'il
n'ait jeté sa cure. Il donne une preuve de santé
parfaite lorsqu'on le voit se tenir tranquillement
sur la perche ou le bloc, ou bien, lorsqu'à l'aide de
son bec, il nettoie les pennes de ses ailes qui doivent être luisantes. Il ne doit point hérisser ses
plumes, frissonner, fermer les yeux, ni élever alter-
nativement les pieds.

Bien que la privation de nourriture soit en quelque sorte la base de tout dressage et le seul moyen
d'assurer la dépendance des oiseaux de vol, toutefois, en général, et surtout pour l'épervier, il sera
bon de les maintenir en aussi haute condition
que possible, tout en assurant leur obéissance. Le
fauconnier aura à tenir compte du tempérament de
ses élèves, afin de régler la nourriture de chacun

d'eux, d'une manière judicieuse, pour les conserver en condition. Il ne devra point les fatiguer par un jeûne excessif, dans la crainte de les détacher ainsi de lui.

« La qualité de la nourriture, dit le docteur
« Chenu, sa distribution intelligente, des soins hy-
« giéniques bien entendus entretiendront parfai-
« tement la santé des oiseaux. Il faut au moins
« une fois par semaine ne donner qu'une petite
« quantité de nourriture aux oiseaux de vol. Ce
« quart de ration correspondra au jeûne auquel
« ils sont accidentellement soumis à l'état sau-
« vage, car leur chasse est parfois improductive
« et leur régime très irrégulier. »

Le grand air est nécessaire à la santé des oiseaux de vol ; on les y exposera dès le matin, et on ne les rentrera que le soir ou en cas de très mauvais temps. Le matin, vers sept heures, on va les prendre sur la main dans la fauconnerie ou les mues obscures où ils ont été attachés, et on les met en plein air, sans chaperon. C'est ce qu'on appelle les « *jardiner* ».

Il sera bon de donner chaque matin aux faucons une ou deux beccades, quand ils doivent se baigner avant le vol. Les oiseaux de vol aiment le bain, principalement pendant la saison chaude ; on le leur présentera tous les trois ou quatre jours. — Pendant l'été, les jeunes pèlerins et les émerillons se baignent tous les jours. — On les fera baigner le matin, car il importe qu'ils se soient bien séchés au soleil avant la nuit. Certains oiseaux, comme les vieux hobereaux, par exemple, se baignent peu ou pas.

Le bain consiste en un vaisseau large et peu profond, de terre, de zinc ou de bois, à bords bien émoussés, enfoncé en terre près du bloc où on attache les oiseaux pendant l'opération.

On mettra à leur disposition près du bain, et sur le sol (surtout après la mue), des graviers qu'ils avalent d'eux-mêmes en guise de médecine naturelle. Cela contribue à les mettre en condition.

Avant d'entrer dans l'eau, les faucons commencent toujours par en avaler un peu, bien que les oiseaux puissent vivre sans boire, se contentant des sucs des viandes. Toutefois, en Orient, on leur donne à boire à l'entrée de la nuit. Les oiseaux échauffés boivent fréquemment (Salvin).

Chaque jour les oiseaux de vol auront à faire un peu d'exercice ; ceci dit, bien entendu, pour les jours où ils ne devront pas voler. Les émerillons et autres faucons seront sollicités à venir au poing à distance pendant leur repas ; les éperviers et autours, mis en filière, devront venir de même à la main et au sifflet, d'un mur ou d'une barrière. Pour les vieux pèlerins, le plus sûr est, après les avoir mis sur l'aile, de les réclamer avec un pigeon à la filière.

Une fois par semaine, on graissera les jets et les longes avec un mélange d'huile de poisson et de suif, surtout pour les oiseaux qui se baignent souvent.

La meilleure nourriture pour les grandes espèces en plein travail est la viande de bœuf. Néanmoins, on peut aussi les nourrir de la chair de leurs prises. Quant aux oiseaux confinés au bloc, à la perche ou à la chambre, on se contentera de viandes plus légères.

Le meilleur pât pour éperviers et émerillons consiste en petits oiseaux morts ou vifs. On peut aussi donner aux oiseaux de vol : du veau, du mouton, du lapin, des rats, des souris, etc.

Les crécerelles et les hobereaux sont robustes et vivent de toute viande ; ils peuvent à la rigueur jeûner le matin du jour où ils doivent voler. Les autours, peu délicats, vivent de tout : rats, souris, rebuts de cuisine, etc.

Durant la mue et pendant les froids rigoureux, les oiseaux de sport demandent à être mieux nourris qu'en été. Néamoins, à aucune époque, le jeune fauconnier ne devra donner gorge sur gorge à ses oiseaux, ni leur faire manger trop vite le pât coupé à morceaux.

En leur donnant quelquefois du vif, poil ou plume, ils pourront rendre naturellement leur pelote ou cure, comme ils le font lorsqu'ils sont en liberté. C'est là une précaution très importante pour conserver leur santé en parfait état. Et surtout, évitez de donner à vos élèves des animaux tués au fusil, le plomb agit comme poison, ou bien, en séjournant dans le jabot, il peut occasionner des accidents graves, souvent mortels.

La plus grande propreté est de rigueur dans l'entretien d'un équipage de vol, et ce soin essentiel suffit le plus souvent pour prévenir la plupart des maladies auxquelles sont sujets les oiseaux en captivité.

Les faucons pèlerins, pour être tenus en bonne condition de travail, recevront chaque jour 2/3 de gorge environ ; on diminuera la quantité de nourriture à accorder à chaque oiseau, suivant les dispositions qu'il montrera. Tous les cinq ou six jours, bonne gorge : ceci est indispensable pour leur conserver toute leur vigueur et leur permettre de développer tous leurs moyens. On pourra même les laisser le lendemain sans rien leur donner ; mais, en aucun cas, ils ne devront voler ce jour-là.

Les autours demandent à recevoir quelques beccades, le matin avant le jardinage : 1/2 ou 2/3 de gorge par jour ; gorge tous les 4 ou 5 jours.

Les petites espèces, surtout l'épervier et l'émerillon, ne supportent pas le jeûne et demandent à être tenus en lieu sec. Ces derniers devront même, les jours de chasse, recevoir deux ou trois beccades le matin, un pât suffisant chaque jour, et bonne gorge tous les quatre ou cinq jours.

Autant que possible, les oiseaux devront prendre leurs repas sur la main, et, tout au moins, sur le bloc ; car les niais se tourmentent quand ils mangent à terre en présence de leur maître, ouvrent leurs ailes, et s'arcboutent sur leur queue qu'ils froissent et brisent très souvent. Cette précaution, du moins à ce point de vue, est moins importante vis-à-vis les hagards ; mais, avec ces derniers, on ne saurait prendre trop de soins pour les empêcher de charrier, surtout les petites espèces. Aussi, conseillerons-nous, comme pour les niais, de les tenir sur le poing durant les repas.

Il arrive souvent, au début d'un dressage, notamment s'il s'agit de hagards, et surtout d'éperviers, que votre oiseau se laisse choir de la main, et reste suspendu par les jets comme si ses jambes n'avaient plus le pouvoir de le soutenir. Replacez-le tranquillement, autant de fois que cela sera nécessaire, sur le poing ganté, et frottez-lui le dessous du ventre et les tarses avec une forte penne, ce qui l'oblige, par l'effort qu'il fait pour résister à la pression, à se maintenir en place sur la main du fauconnier.

Dans les fauconneries modernes, on a conservé l'usage de donner à chaque oiseau un nom particulier ; ce nom est inscrit sur le bloc ou la perche, comme le sont ceux des chevaux dans les grandes écuries. En cette matière, la fantaisie seule peut guider le propriétaire.

« Le porter de l'oiseau sur le poing dextre (dit
« Guillaume Tardif (1) à la page 48 de son traité)
« est meilleur et plus seur pour l'oiseau que sur
« le poing senestre, parce qu'il est plus agilement
« jecté pour voller partout de la main dextre, et en
« montant et descendant de cheval, l'oiseau est
« plus seurement sur la dextre que sur la senestre ;

---

(1) Guillaume Tardif, gentilhomme du Puy-en-Velay, lecteur de Charles VIII.

« et le mue souvent en diverses mains, afin qu'il
« s'asseure. »

Les fauconniers modernes portent de préférence
l'oiseau sur le *poing gauche*.

« Pour porter le faucon, la partie supérieure du
« bras gauche doit descendre le long du corps,
« qu'elle ne touchera pas toutefois, car si elle en
« suivait le mouvement, l'oiseau balancé se débat-
« trait ; l'avant-bras sera replié à angle droit ; la
« paume de la main et le pouce seront maintenus
« dans l'axe du bras, tandis que l'index sera replié
« perpendiculairement au pouce, et que les trois
« derniers doigts seront refermés en manière de
« support. Ainsi l'oiseau ne se trouve jamais élevé
« près du visage de l'homme, dont il a peur ; il devra
« avoir la poitrine opposée au vent. Le lacs du
« jet, pris entre le pouce et le médius, doit, pour
« être solidement assuré, passer sous les doigts
« inférieurs. La longe, presque entièrement en-
« roulée autour du petit doigt, aura son extrémité
« seule pendante (1). »

L'expédition d'un faucon, d'un émerillon ou de
tout autre oiseau de vol est toujours une opération
difficile. Un grand panier, garni à ses parois de
grosse toile d'emballage, est d'abord nécessaire
pour garantir la tête et les plumes des ailes. Le fond
du panier doit être laissé à nu pour qu'en cas d'a-

---

(1) *Étude sur la chasse à l'oiseau au moyen âge*, par Étienne
Charavay. Paris, chez Auguste Aubry, MDCCCLXXIII.

lerte , l'oiseau puisse s'accrocher à l'osier. On pourra encore le munir d'un petit perchoir revêtu de la même toile qui sert de tenture à l'emballage. Si l'on a affaire à une main experte, il sera prudent de chaperonner et d'entraver l'oiseau à son départ.

Si l'oiseau a été expédié libre, dès l'arrivée, il faut revêtir la main du gantelet de cuir, puis entr'ouvrir le panier avec précaution. On saisit alors le faucon par les pattes ou les jets, et on l'enlève d'un coup en découvrant promptement l'emballage pour ne pas abîmer les ailes. — Aussitôt sorti du panier, il faut placer l'oiseau sur le perchoir, afin qu'il puisse s'éplucher et se secouer.

Pour ce faire (et l'on doit toujours procéder ainsi), on élève la main au niveau de la perche et on y place l'oiseau, *à reculons*, afin qu'il ait toujours la tête tournée du côté du fauconnier. Il faut avoir soin de lâcher un peu les jets, et solliciter ensuite le faucon à descendre spontanément du poing, en appuyant légèrement ses tarses sur la barre où on le lie court.

Le perchoir sera de longueur à supporter deux ou trois oiseaux espacés suffisamment pour ne pas se nuire entre eux. La toile qui est suspendue à la perche sur laquelle repose les oiseaux doit être assez longue pour tomber en dessous, de 0^m60 environ.

On peut recouvrir de gazon la plate-forme supérieure des blocs. Le drap et le cuir garni de poils sont préférables pendant l'hiver, pour préserver les faucons du froid.

CHAPITRE IX

MUE. — MALADIES DES OISEAUX.
PLUMES FROISSÉES ET ARRACHÉES.
COMMENT IL FAUT ENTER LES PLUMES ET REFAIRE
LA COURBURE DU BEC.

« Aspicere oportet quidquid nolis perdere. »
(Publius Syrus.)
« Il convient de surveiller ce que l'on craint de perdre. »

« Il y a chaque année, dit le docteur Chenu,
« une époque à laquelle les oiseaux sont souffrants,
« c'est celle de la mue ; il convient alors de leur
« donner une grande liberté, de leur ôter les en-
« traves, le chaperon, et de les laisser voler libre-
« ment dans la fauconnerie, qui sera garnie de
« blocs sur lesquels ils se poseront à l'aise. Leur
« nourriture sera plus abondante et plus soignée :
« ils pourront comme toujours, mais surtout
« pendant la mue, se baigner à leur convenance,
« et on les laissera dans le repos le plus absolu. »
Lorsqu'on ne les tiendra pas attachés, il sera
bon de les loger dans des chambrettes séparées,
de façon à ce qu'ils ne puissent se houspiller, ou
même s'entre-tuer. On évitera ainsi les horions

échangés, qui contribuent le plus souvent à rendre le caractère des élèves méconnaissable.

La *mue* des oiseaux, ou le renouvellement des plumes, a lieu ordinairement chaque année après l'époque de la ponte, et elle dure quelquefois du printemps à l'automne.

Les niais, dans la livrée du jeune âge, perdent leur première plume (la 7ᵉ de l'aile) plus tôt que les vieux oiseaux. En certaines contrées, ce fait se produit à la fin de mars ou dans les premiers jours d'avril. En général, cependant, les faucons commencent rarement leur mue avant le premier mai.

Un oiseau bien nourri et tenu bien chaud muera plus tôt qu'un oiseau fatigué et exposé aux intempéries. Chez les jeunes sujets, les plumes sont entièrement remplacées vers le milieu du mois d'octobre. Les hagards et les vieux oiseaux sont beaucoup plus en retard.

D'ordinaire, on installe les oiseaux pour la mue dans une soupente chaude et bien aérée, où ils doivent séjourner de mars en novembre. Pendant ces quelques mois, soit qu'on les tienne sur le bloc ou libres dans la chambre, il faudra avoir soin chaque jour de leur donner à manger à la main; ou mieux, en les faisant venir au poing afin de les maintenir sous la dépendance de leur maître.

Malgré ces prescriptions quelque peu sévères, il sera cependant utile, pendant l'été, de procurer chaque semaine de l'exercice aux oiseaux, soit avec le leurre ou un pigeon, ou même en les faisant voler aux champs quelques pièces de gibier. On ne saurait admettre en effet qu'un oiseau restàt inactif comme un perroquet dans sa cage, pendant près de la moitié de l'année. À ce régime, il péricliterait certainement, soit sous le rapport de sa santé, soit au grand détriment de la perfection de son vol.

Un faucon tenu renfermé pourra paraître se bien porter, auquel cependant il faudra plusieurs semaines pour se remettre au vol, à la fin de la mue.

« Que ce vous soit un advis, dit d'Arcussia, pour « tous oyseaux, de ne les tirer de la mue, ou « mettre sur le poing, que vous ne les ayez « abaissés et descharnés. Pour quoy faire, retran- « chez leur viande ordinaire des deux tiers vingt « jours auparavant, leur donnant aussi leur cure « dans la mue, durant dix jours, afin que l'oyseau « ne meure de gras fondu. »

La méthode moderne ne pouvait méconnaître la sagesse de ce précepte ; aussi Freemann nous enseigne-t-il qu'il ne faut point mettre trop tôt les faucons au vol, après plusieurs mois d'embonpoint, et qu'il est nécessaire auparavant de leur faire, pour ainsi dire, purger leur graisse par une hygiène et un régime bien entendus. Quand on devra les abaisser, on le fera graduellement, dans la crainte de nuire à leur santé par un changement trop brusque dans leur manière de vivre.

Il serait préférable, sans doute, de muer les faucons en liberté, avec des sonnettes un peu lourdes ; mais on courrait grand risque de les perdre. Pour éviter cet inconvénient, on se contentera de procurer un exercice modéré aux oiseaux pendant la

mue, afin de les maintenir en santé et de leur
conserver leur adresse. Enfin, si, après ce temps
d'épreuves, ils volent lourdement lorsqu'on les fait
sortir les premières fois, on remédiera à cet inconvénient en continuant de les exercer pendant une
semaine, et ils deviendront en aussi bonnes conditions que de vieux sujets.

On n'oubliera pas de donner aux oiseaux, après
la mue, des petites pierres et du gravier, qu'ils
avalent d'eux-mêmes. Cette précaution contribue
à les mettre rapidement en condition.

Les faucons ne sont pas souvent atteints de
maladies si on les tient proprement, en ayant soin
de recouvrir le sol de la chambre de sable ou de
sciure de bois pour absorber leur déjections.

« La vraie science du fauconnier médecin
« consiste à bien traiter ses oiseaux, à les bien
« nourrir et à ne les pas fatiguer au delà de leurs
« forces. » (Chenu et des Murs.)

Pour prévenir les maladies des oiseaux de proie,
il faut éviter de les faire chasser dans un temps hu-
mide, les placer dans des conditions qui ressemblent à la liberté, et leur donner du vif à leur goût.

On devra s'assurer, lorsque le faucon rend la
cure, que la *pelote* est saine, sans odeur forte et de
couleur grise ou blanchâtre. On veillera aussi aux
émeus, qui doivent être blancs et demi liquides.
S'ils sont de mauvaise nature, ainsi que les cures,
cela indique un mal interne auquel il convient de
remédier. — On combattra ces symptômes par un

exercice modéré et des laxatifs, tels que viandes légères trempées d'eau de rhubarbe (infusion de rhubarbe) ou d'eau tiède sucrée.

Aphtes. — Les oiseaux captifs exposés à l'humidité, ou qui ont été mouillés, sont sujets à une maladie infectieuse dans laquelle la langue enfle, et le bec se remplit d'humeur. Il faut alors enlever la partie malade avec une plume aiguisée, et recouvrir les points saignants d'alun calciné mêlé à du jus de citron, ou d'alun et de vinaigre.

L'*apoplexie* est une maladie dont le faucon est rarement atteint. Les autours trop gras y sont plus sujets. Neuf fois sur dix, elle est fatale aux éperviers et émerillons. Bien que non curable, elle peut être prévenue ou différée par des soins bien entendus.

On devra éviter d'exposer un oiseau trop bien en chair à un soleil ardent. Le mal frappe souvent les émerillons confinés au bloc et le faucon qui se débat trop vivement sur le poing ou qui a été effrayé par des chiens ou tout autre objet. — Chez l'épervier la maladie est annoncée par la chute des paupières et le gonflement du plumage. — Comme moyen préventif, on fera prendre à l'oiseau un peu de poivre de Cayenne ou un clou de girofle dans un morceau de viande, et on le tiendra dans un lieu chaud.

Convulsions, Epilepsie. — Les oiseaux quelquefois, surtout chez les petites espèces, éprouvent des convulsions. Les éperviers y sont très sujets.

Donnez-leur, dans ce cas, une purgation de rhu-

7

barbe. Vingt-six centigrammes pour un grand pèlerin, et, pour les autres, proportionnellement à leur taille. Comme nourriture, de la viande bien hachée. Si la chose est possible, remettre l'oiseau en liberté, comme pendant la première période de l'affaitage préparatoire ; ou tout au moins lui enlever les entraves et le laisser voler librement dans la fauconnerie.

La *crampe*, qui sévit surtout chez les oiseaux dénichés trop tôt, est une maladie fréquemment mortelle. Les convulsions, qui paralysent et disloquent les membres des élèves, les laissent ordinairement, lorsqu'ils guérissent, impropres à tout usage. Cependant, comme moyen curatif, on peut essayer (sans trop d'espoir de succès) de les exposer à la chaleur. M. Freeman a guéri un vieil autour de cette maladie, contractée à la suite d'une exposition prolongée à la neige et à la tempête, en le frottant de graisse d'oie.

Efforts de vomir, toux. — Les pèlerins ont parfois des efforts de vomir, et comme une sorte de toux. Dans ce cas, il convient de leur administrer un peu de poivre de Cayenne dans leur pât, ou de six à sept grains de poivre, écrasés dans une cure.

L'inflammation d'estomac est un mal très grave. L'oiseau ne mange pas et porte la tête en avant en allongeant le cou. Ne le chaperonnez pas et ne lui donnez pas de cures. Pour nourriture, il suffira de lui présenter, par petites quantités, de la viande hachée avec de la rhubarbe. — Un faucon peut ne pas manger, à la suite d'une indigestion, sans pour cela avoir une inflammation.

Parasites. — Le bain, l'exposition modérée au soleil, le grand air et l'exercice préviendront l'apparition de la vermine, fréquente chez les émerillons, et qui se rencontre parfois chez les pèlerins. — Si elle venait à apparaître, on la chasserait par des fumigations de tabac, des lavages au vaporisateur, avec de l'eau phéniquée ou une infusion de tabac et des lotions pratiquées au pinceau autour des narines, avec une décoction de tabac dans l'alcool. — La mite rouge qui établit sa demeure dans les narines est le pire de ces parasites. Les oiseaux tenus proprement en sont rarement atteints, si ce n'est par contagion.

Vers. — Lorsque les oiseaux de vol ont des vers, saupoudrez leur pât de sable de rivière, à plusieurs reprises ; puis, administrez-leur une dose de rhubarbe.

Enfin, lorsqu'un oiseau paraît languissant, laissez-le libre dans la fauconnerie et faites-lui prendre dans un morceau de viande un ou deux clous de girofle, selon la force du sujet, ou du poivre de Cayenne bien écrasés. Paissez-le de bonne viande en ne lui donnant à la fois que quelques beccades. Cette simple et facile médication est amplement suffisante, dans la plupart des cas, pour conserver les élèves.

Quand un oiseau se froisse les plumes, on les redresse aisément en les trempant dans l'eau chaude ; les plumes, en se séchant, reprennent leur position et leur aspect primitif.

On ne devra jamais arracher les plumes brisées d'un oiseau de vol ; car, dans ce cas, elles sont rarement remplacées d'une façon convenable à la prochaine mue, bien qu'elles puissent l'être plus tard. — Ceci s'applique à tous les oiseaux de vol. Cependant, les plumes rompues du balai ou queue de l'autour peuvent être arrachées impunémen.

Lorsque les longues plumes des ailes ou de la queue viennent à se briser, il faut les enter ; ce qui se fait à l'aide d'aiguilles triangulaires et pointues proportionnées, pour la longueur et la taille, à l'espèce des oiseaux. — Choisissez parmi les plumes tenues en réserve et provenant de la mue des autres oiseaux celles qui se rapprochent le plus en nature et en taille de celles que vous voulez enter. Coupez en biseau, avec un canif bien effilé, la plume à enter et la plume morte, de telle sorte qu'elles s'ajustent exactement, en ayant soin de donner à la plume restaurée sa vraie longueur. Trempez l'aiguille dans du vinaigre ou de l'eau salée, pour qu'elle devienne rugueuse et adhérente ; puis enfoncez-la par moitié dans l'un et l'autre tronçon, et pressez la suture jusqu'à ce que vous puissiez à peine apercevoir le point de jonction.

Si la plume est coupée trop près du tuyau, on y introduit un fragment de plume dépouillée des barbes et enduit de colle-forte. Dans cet appareil on fixe l'aiguille à enter, munie de la portion de plume avec laquelle se termine l'opération.

L'extrémité de la mandibule supérieure devient parfois trop longue et il s'y produit des fentes. On coupe alors cette pointe avec des ciseaux bien tranchants ; puis, avec un bon canif, on donne la dernière main à la section. C'est ce que l'on appelle *refaire la courbure du bec.*

Il est bien entendu que, pour toutes les opérations qui précèdent, l'assistance d'un aide est nécessaire.

Ainsi qu'on a pu en juger par la lecture de ce traité, la fauconnerie, de nos jours, exige peu de dépenses et ne demande point d'apparat. La chasse au vol, enfin, doit être recherchée moins pour le grand nombre de pièces de gibier à abattre, que pour le plaisir et le charme de cet élégant sport, et en raison des émotions variées que fournit un vol bien dirigé, où la présence des dames rehaussera un art qui n'est en rien inférieur à la vénerie.

« Dans la chasse à tir, le but est le gibier (dit « M. A. de la Rue) ; dans le laisser-courre, c'est le « mouvement (1). » Dans la fauconnerie, l'adresse, la rapidité de l'oiseau et son obéissance passive, font

---

(1) *Le lièvre, chasse à tir et à courre*, par M. de la Rue, ancien inspecteur des eaux et forêts. Paris, Didot, 1876. Voyez le chap. X : *Chasse du lièvre avec l'autour.*

de la chasse au vol le plus ravissant passe-temps et le plus enviable plaisir.

La persévérance et les tentatives réitérées de quelques amateurs pour régénérer la fauconnerie, depuis quelques années, nous donnent foi dans son avenir ; et nous ne saurions douter que tôt ou tard elle ne finît par renaître et sortir de l'oubli.

Avant de terminer cette étude, et afin d'épargner quelques déceptions à nos lecteurs, nous livrons à leurs méditations cet excellent conseil que notre vieux maître d'Arcussia donnait à ses nombreux adeptes pour les prémunir contre de trop ambitieuses espérances :

« Et ne vous prenne jamais envie de sçavoir
« combien de perdrix peut prendre vostre oyseau,
« mais contentés vous de ce qui est du devoir,
« combien qu'il soit bon et bien volant. Et taschés
« surtout (ajoute-t-il) de le paistre toujours bien,
« sans jamais le lasser ny vous lasser vous-même. »

Garde de souler ton désir
Suyvant le déduit de la chasse :
Car si tost qu'un plaisir nous lasse,
Tel plaisir n'est qu'un desplaisir.

CHAPITRE X

**EXTRAITS DE DIVERSES LETTRES ADRESSÉES
A L'UN DES AUTEURS,
PAR DES MAITRES ANGLAIS ET FRANÇAIS,
CONTENANT PLUSIEURS CONSEILS ET INDICATIONS
RELATIFS AU DRESSAGE ET AU GOUVERNEMENT
DES OISEAUX DE VOL.**

« *The prisoned eagle will not pair,* »
dit Biron, *et le faucon avec ses entraves
est toujours resté roi, quoique captif.* —

(P.-A. Pichot.)

§ Iᵉʳ. — **Sur le dressage des éperviers et autours.**

..... Tout le secret du dressage des éperviers
consiste à les *porter* fréquemment sur le poing, ce
qui doit être fait plusieurs fois par jour, et pendant
longtemps, chaque fois, au début ; mais dès que
l'oiseau est en condition, il suffit de le tenir sur la
main une demi-heure chaque matin, ou même,
immédiatement avant le vol.....

Un seul repas par jour ne suffit pas pour l'épervier, non plus que pour l'émerillon. Les deux ont
besoin de quelques beccades le matin, et d'une
bonne gorge ou à peu près avant la nuit.

Mettez-le, le matin, à la filière, sur le bloc ou la

perche, et habituez-le à venir au poing ; et. suivant les progrès réalisés, augmentez la distance, plaçant d'abord l'oiseau sur un mur ou une barrière, et enfin sur un arbre, avec, puis, sans filière. Chaque fois qu'il vient à la main, vous devez le récompenser, en lui laissant prendre une beccade.

Ce petit rapace est parfait pour merles, cailles et râles.

Pendant l'hiver et par les mauvais temps, il faut le tenir chaudement, dans des chambres fermées ou des mues, bien exemptes d'humidité.

.... L'autour est traité de la même manière que l'épervier, mais il n'a besoin que d'un seul repas par jour......

..... D'après moi, la perdrix rouge est trop grosse pour pouvoir être aisément capturée par l'épervier qui ne saurait en tuer qu'accidentelle-ment.

Quant au mâle autour, on ne peut l'utiliser pour le lièvre, et même, en Angleterre, nous le trouvons trop faible pour prendre et *tenir* les lapins.....

(Capitaine F.-H. Salvin.)

.... Pour instruire mes éperviers à venir au poing, je leur fais prendre *tous* leurs repas, sur le poing, l'après-midi, quand leur appétit est bien développé et bien vif. Je les attache à une créance, et, les plaçant sur le bloc, je les invite à venir sur le poing y manger de la viande ou un oiseau mort.

J'attends toujours qu'ils soient rompus à cet exercice, avant que de me fier à eux à l'air libre.

Je les introduis avec des pigeons, l'épervier et
sa proie se trouvant attachés à la filière ; plus tard,
je n'y mets que le pigeon seul, l'épervier ayant
toute liberté de vol........

... Quand mes oiseaux manquent leur proie,
je me sers d'un oiseau mort attaché à une filière, et
que je traîne en courant.....

.... Mais je ne m'attache guère à faire venir
mes éperviers au poing de très loin, car, plus un
oiseau montre d'ardeur pour le gibier, moins il se
soucie de venir au poing ; et plus il obtient de
succès dans ses entreprises, plus aussi il exige
l'emploi du leurre mort pour le rappeler....

... Il est vrai de dire que je tiens mes éperviers
en très haute condition. Les oiseaux *abaissés* viennent mieux au poing, mais volent moins délibéré-
ment que les autres (1).

(Sir John RILEY.)

Si vous avez un épervier et que vous l'affaîtiez
pour ce à quoi il est propre, il vous procurera de
bons vols avec les merles et les grives, en hiver ;
il n'est pas nécessaire de donner le « *hack* (2) » à

---

(1) Tout ce qui est dit dans la lettre de M. Riley au sujet des
éperviers peut s'appliquer au dressage des autours ; seulement
on remplacera les pigeons, merles ou autres oiseaux, par des
lapins en filière.

(2) Le « *hack* » est cet état de liberté laissé à l'oiseau pendant
la première période de l'affaîtage préparatoire.

« *Hack to fly at* ». — The state of liberty in which young long-

cet oiseau, qui, une fois apprivoisé, se maintient en cet état sans grands soins.

Pour l'apprivoiser, placez-le sur la perche dans un passage public où des gens vont et viennent sans cesse. Ayez à proximité de la viande en petits morceaux, et, chaque fois que vous passerez vous-même, donnez-lui en un à la main. En peu de jours, ils se familiarisera et viendra au poing. Une fois apprivoisé, tenez-le dans un endroit sec, nourrissez-le, deux fois le jour, de viandes d'oiseaux ou de lapin, et vous éviterez les accès nerveux auxquels cet oiseau de vol est si sujet.

Les viandes de cheval ou de bœuf sont trop fortes pour lui, et il ne saurait les supporter.

Portez-le aussi souvent que possible et il vous paiera de vos peines.

(Sir W. Corbet.)

Il ne faut pas laisser à l'épervier trop d'aisance sur sa perche (perche haute), au début de l'entraîne-ment. Liez-le de telle sorte qu'il ne se meuve que de la longueur des jets. Donnez-lui un très petit morceau de viande de temps en temps ; puis un autre à une petite distance, et il viendra bientôt à la main. Sinon, essayez de nouveau au bout d'un moment, et ne cédez que lorsqu'il viendra avec

---

winged hawks are kept for some weeks before training. This does not seem to be an old invention since the old writers are silent on the subject. Short-winged hawks are not hacked; old Falcons are sometimes, when out of health.

obéissance. Ce résultat obtenu, relâchez peu à peu sa longe, et répétez le même exercice à des distances progressives (sur la perche courbe, comme sur la perche haute). On doit arriver à le faire venir à la main en *deux* jours.

(Sir W. Corbet.)

.... Quand vous voudrez instruire un épervier à prendre proie, donnez-lui, le matin, quelques beccades seulement de viande bien lavée ; le soir, vers deux heures, allez aux champs, avec l'oiseau : prenez un pigeon ou un petit oiseau, suivant le cas ; enlevez-lui trois ou quatre plumes d'une seule aile, et le lâchez devant l'élève qui le tuera sans difficulté. Laissez-le dévorer sa proie ; recommencez le lendemain ou le surlendemain, ainsi que les jours suivants, en enlevant chaque fois une plume de moins ; terminez enfin en laissant à l'oiseau que vous lâchez, tous ses moyens de défense.

Après ces épreuves, notre épervier volera parfaitement la proie libre.....

.... Souvenez-vous pourtant que lorsqu'un épervier manque sa proie, il va se percher, le plus souvent, sur un arbre, ce qui peut être utile quand on chasse le ramier, par exemple : car, s'il en part un tandis que l'épervier est perché, il pourra réussir à le prendre dans l'impétuosité de son premier effort.

Toutefois sa proie de prédilection est le merle, surtout si vous avez un aide qui bat les haies fréquentées par cet oiseau, du côté opposé à celui où vous vous tenez avec votre épervier. Ce dernier vole enfin, et parfaitement, les grives et les oisillons, de même que les poules d'eau, le long des étangs.

N'oubliez pas de le paître deux fois par jour, même quand il doit voler : le repas du matin se composera seulement de deux ou trois beccades.

(Sir W. Corbet.)

§ II. — Sur l'émerillon.

Les émerillons sont d'excellents petits oiseaux, mais trop fragiles pour notre climat ; ils veulent être bien nourris, et il faut leur donner le matin quelques beccades (sans aucune matière susceptible de former des cures) (1), même le jour où ils doivent voler......

(Capitaine F. H. Salvin.)

..... Pour reprendre un émerillon qui a tué une alouette, il faut l'aborder doucement, et tandis qu'il mange, l'enlever sur la main avec la proie.....

....L'alouette est la proie de prédilection de ces petits faucons ; mais, bien entraînés, ils peuvent tuer même des pigeons....

....N'oubliez pas d'avoir toujours sur vous un oiseau vif qui vous servira, mis en filière, à les reprendre s'ils restent sourds au rappel ou au leurre, après un vol infructueux....

....L'ennui auquel on s'expose en ayant de ces oiseaux vient de ce qu'on s'y attache trop ; une fois

---

(1) Le matin seulement bien entendu : car le soir on peut leur donner des cures, comme à tous les autres oiseaux.

bien dressés, on les perd, au moment où on y pense le moins, d'un coup de mal subit. Il est très rare qu'on les conserve pendant deux ans.

(Sir W. CORBET.)

§ III. — Sur le hobereau.

..... Le hobereau se dresse très aisément.

En Angleterre, nous ne les estimons pas. On les gardait, autrefois, pour la beauté de leur plumage, leur gentillesse, et l'élégance de leur vol.

Ils servaient aussi à effrayer et à retenir sur le sol les alouettes, pendant qu'on les recouvrait d'un grand filet. Ces petits faucons volant haut et tenant très bien *amont* étaient fort prisés pour cet usage.

(Capitaine F. II. SALVIN.)

... Les hobereaux sont des oiseaux de France, très doux, et les plus rapides des faucons. Essayez de vous en servir et tâchez surtout de tirer parti des femelles. Leur meilleur vol est pour l'alouette légère ; il en est de même des émerillons ; mais ces derniers sont loin de voler aussi élégamment que les hobereaux.... (Major FISHER.)

§ IV. — De l'aigle comme oiseau de volerie.

......Je ne fais nulle difficulté de croire que les aigles puissent se dresser ; mais comme ils supportent très longtemps le jeûne, ils n'obéissent jamais bien au leurre comme les faucons.

S'ils montent étant affamés, ils fondront sur tout ce qu'ils apercevront, sur la *volaille*, les agneaux, et même les jeunes enfants.

.... J'ai un grand aigle doré parfaitement apprivoisé ; je puis le porter sur la main comme une poule ; mais dès qu'un enfant s'approche de la cage, il est toujours prêt à se précipiter contre les barreaux pour tâcher de l'atteindre.....

.... Si je le mets sur l'aile, il s'envole au loin, et je dois le suivre longtemps avant que de pouvoir le leurrer, craignant toujours qu'il n'occasionne quelque malheur par sa méchanceté.

(Sir W. Corbet.)

§ V. — Du leurre et de son emploi.

..... J'estime que la meilleure manière d'amener les faucons à aimer et à suivre le leurre, est de les faire constamment manger au bloc, sur cet engin, et de n'y point attacher d'ailes ou de plumes qu'ils sont si enclins à éplucher.....

Dans mes leurres, les bords sont rembourrés de crin ou de filasse, et font saillie sur le centre ou sole où sont attachés des cordons de cuir pour fixer la viande. A la partie supérieure se trouve une vervelle soutenant une courroie double en cuir qui permet de porter le leurre sur l'épaule.

(Capitaine F.-H. Salvin.)

..... Quand vous leurrez vos oiseaux, ayez soin

qu'ils ne viennent pas donner avec raideur contre
la laisse du leurre; il arrive que des faucons se brisent les ailes, en les heurtant de la sorte dans un
vol rasant.

(Sir W. Corbet.)

..... Avant que de vous fier à l'air libre à un
oiseau, soyez certain d'abord qu'il connaisse votre
leurre et votre manière de l'agiter. Qu'il vienne à
vous de près, au début, puis de plus loin, et connaisse votre cri ou votre sifflet. Quand vous lâchez
l'oiseau, criez et courez en agitant le leurre que
vous tenez court, afin que l'attention de votre élève
se fixe bien sur vous, et, lorsqu'il sera pris, rentrez
votre leurre en courant toujours, puis faites-le
tourner deux ou trois fois; mais songez que le
faucon est impatient de manger, et que, s'il n'est
pas bien rompu à ce métier, il vous lâchera pour
voler à la recherche de quelque proie. Il est donc
bon de ne pas mettre l'oiseau en l'air trop longtemps
avant d'arriver à la remise. Dès qu'il est lâché,
courez donc vite à la remise en criant et en
agitant le leurre, et si vous ne faites rien partir, et
que vous n'ayez pas espoir de faire lever quelque
chose rapidement, reprenez l'oiseau jusqu'à nouvelle rencontre, pour qu'il ne se décourage pas,
et donnez-lui une petite beccade sur le tiroir.....

Ce ne sont que les oiseaux très mis, très assurés,
vous connaissant bien, et sachant ce que vous leur
demandez, qui vous suivent, volant au moins pendant vingt minutes, une demi-heure; mais ceux-là

encore sont rares et je n'en ai pas vus beaucoup.

(M. P.-A. Pichot) (1).

§ VI.— Soins journaliers à donner aux oiseaux de vol.

..... Ne vous chargez pas de trop d'oiseaux à la fois, ce qui est le défaut capital des débutants. Une seule personne a assez de quatre oiseaux à gouverner ; et, s'ils sont bien mis, ils vaudront mieux qu'une douzaine mal entraînés...

..... Il est difficile de formuler une règle sur la quantité de nourriture à donner aux oiseaux de vol : les uns exigent (toutes choses égales d'ailleurs), un régime plus sévère que les autres, et vos observations personnelles vous serviront de guide à ce sujet.

Trois onces, environ, de bœuf frais, font un bon pât pour un tiercelet, avec pleine gorge une fois par semaine..... Si l'oiseau se montre rebelle au leurre, mettez son pât à tremper dans de l'eau tiède, exprimez-en tout le jus avec la main ; renouvelez ce traitement deux ou trois fois, et vous verrez votre élève plus empressé à venir au leurre et à entreprendre sa proie.

Le jour qui suit la gorge, l'oiseau peut jeûner, et le surlendemain il volera de nouveau volontiers.

Vous reconnaîtrez qu'un oiseau est *en condition*, en passant la main le long du sternum pour juger

---

(1) Directeur de la *Revue Britannique*.

de son embonpoint. Évitez de le trop décharner, et réglez convenablement son régime suivant la manière dont il le supporte. Donnez-lui des cures de temps en temps, mais ne le faites pas voler qu'il n'ait rendu sa pelote.

S'il paraît vouloir se baigner et qu'il refuse de le faire dans un baquet, attachez-le près d'un cours d'eau avec une longue créance, afin qu'il puisse y entrer à sa guise.

(Sir W. Corbet.)

§ VII. — Comment on reprend les faucons perdus.

..... Si votre oiseau n'a pas été effrayé ou blessé par des coups de fusil, il ne quittera pas la place d'une quinzaine de jours ; on peut l'apercevoir, d'ailleurs, le matin ou le soir, aux environs de l'endroit d'où il s'est enfui.

..... Rarement un tiercelet s'éloigne à de grandes distances ; mais une femelle qui « *prend l'air* » ne se retrouve pas souvent.

..... Ce qu'il y a de mieux à faire, c'est d'appeler l'oiseau égaré, avec un pigeon en filière, partout où vous supposez qu'il peut s'être réfugié, et même de mettre de temps en temps sur l'aile un autre faucon volant fidèlement amont, pourvu, bien entendu, que le fuyard ne soit pas depuis trop longtemps en liberté, auquel cas, il y a grandes chances à courir qu'il n'ait quitté le voisinage.

Quand, en action de chasse, un faucon s'éloigne

beaucoup, rappelez-le avec un pigeon ; en outre, quand en leurrant un oiseau, vous le trouvez peu docile au leurre, jetez ce dernier en l'air aussi haut que vous le pourrez ; il fondra dessus certainement.

(Sir W. CORBET.)

QUELQUES MOTS

SUR LA

PÊCHE AU CORMORAN[1]

Tout vient au poing
De qui sait s'y prendre.
(A. DE LA RUE.)

Il y a quelque temps de cela, un de mes amis me demandait ce que je pensais de la pêche au cormoran, et du peu ou moins de créance qu'on devait ajouter à ce que les publications et journaux de sport rapportent au sujet de ce genre de divertissement.

L'ayant engagé à se rendre compte par lui-même de ce qu'il en était, et lui ayant fait part de ce que j'avais vu exécuter, dans une circonstance, en Angleterre, par les cormorans du capitaine Salvin, il me pria de lui procurer un couple de ces

---

(1) Cet article a été publié par M. G. Sourbets, dans la Décade publiée par la *Revue Britannique*, n° 8, dix mars 1886, sous le titre de : *L'éducation du cormoran.*

oiseaux. Dès qu'il les eut reçus, mon ami s'appliqua à leur dressage avec le tact et l'ardeur qu'il apporte dans tout ce qui touche aux choses du sport, et c'est le résumé de la méthode qu'il a employée, d'après quelques données puisées dans des ouvrages spéciaux sur la matière, que nous allons présenter ici au lecteur.

Disons tout d'abord qu'on trouve chaque année, au Jardin d'acclimatation, une remonte nombreuse de cormorans, qui, d'ordinaire, y arrivent vers la mi-juin, époque à laquelle ayant acquis leur entier développement, ils sont aptes à être mis à l'entraînement sans retard.

La meilleure espèce, d'ailleurs la plus commune, est celle du grand cormoran (*Pelecanus Carbo*). Le petit cormoran (*P. gracilis*) ou cormoran Nigaud, *Shag* en anglais, est lourd et paresseux, et partant d'une mise en travail plus difficile. D'ailleurs il ne peut s'attaquer qu'au petit poisson : aussi est-il généralement délaissé des amateurs, qui préfèrent faire usage de son plus puissant congénère le grand cormoran.

Sitôt que les oiseaux eurent été apportés à leur nouveau maître, celui-ci les fit placer dans un enclos assez vaste fermé de murs hauts d'un mètre cinquante environ, où ils furent laissés en liberté, au bout de quelques jours, et dès qu'ils commencèrent à se montrer suffisamment familiers.

Si la clôture de leur logement était faite d'un grillage, les cormorans la franchiraient aisément : car, s'aidant du bec et des griffes, ils grimpent comme

les perroquets. Dans le cas où on ne peut les en-
fermer dans un lieu clos de murs bien recrépis ou
de planches exactement ajustées, il faut leur op-
poser une palissade à barreaux verticaux, qui
déjouent tous leur efforts.

De plus, les cormorans n'ayant, au cours de leurs
évolutions aquatiques, aucun usage à faire de leurs
ailes, on leur enlève toute possibilité de fuir en leur
rognant l'aile gauche. D'autres préfèrent les éjoin-
ter. Le premier mode me semble préférable. On
verra plus tard pourquoi. Disons seulement qu'on
écourte *toujours* les plumes de l'*aile gauche*, parce que
ces oiseaux, de même que les faucons, étant portés
sur la main gauche, pourraient en s'ébattant heurter
et blesser leur maître au visage avec le biseau
des pennes mutilées.

La première semaine fut consacrée à *introduire*
les oiseaux. Ceux-ci, retenus d'abord dans une loge
à claire-voie, recevaient plusieurs fois par jour, et
pendant au moins une heure chaque fois, la visite
de leur maître, qui ne tarda pas à devenir leur
ami.

Ombrageux dès les premiers jours, ils lançaient à
tout propos, comme un dard, leur bec, leur terrible
bec, dont la morsure occasionne parfois une enflure
douloureuse assez persistante, vers les jambes, les
mains ou le visage de tous ceux qui les appro-
chaient, essayant même d'atteindre les yeux, à quoi
ils ont une prédisposition fâcheuse qui nécessite
l'emploi d'un masque d'escrime pendant les premiers temps du dressage. Il paraît d'ailleurs qu'en

répondant à leurs insultes par un profond dédain,
ce qui, entre nous, suppose une certaine dose de
stoïcisme, on arrive promptement à émousser leurs
instincts hargneux : aussi bientôt mon ami put-il,
sans plus avoir à redouter les mauvais tours de ses
élèves, s'asseoir tout auprès d'eux, leur servir leur
pât, à la main, et les obliger à subir, sans en marquer ni colère ni ennui, sa présence prolongée dans
leur réduit. Cet apprivoisement fut d'ailleurs
rapide, et ces oiseaux qui, tout d'abord, ne vou-
laient manger que dans un vase où l'on mettait le
poisson destiné à leur repas, ne tardèrent pas à
suivre leur maître quand il leur montrait ce pât à
la main, en faisant un appel de bouche ou de sifflet,
auquel les élèves s'accoutumèrent très promptement.

Ajoutons que si, comme l'a fait mon ami, on sait
bien profiter des belles nuits éclairées par la lune
battant son plein, on peut considérablement abréger
toute cette première phase de l'éducation. Il est
constant en effet que rien mieux que la privation de
sommeil ne contribue à plier les caractères les plus
ombrageux chez les animaux dont on veut vaincre
la sauvagerie, ou assurer la docilité.

Bientôt complètement familiarisés, les élèves sa-
luaient leur éducateur, chaque fois qu'il s'appro-
chait, de leur cri rauque et guttural auquel ils savaient
d'ailleurs donner une inflexion affectueuse.

Tous les jours les oiseaux pouvaient aller se baigner dans un bassin situé au milieu d'un enclos, où
l'on mettait les poissons destinés à leur repas, et

qu'ils apprenaient ainsi promptement et d'eux-
mêmes à saisir au milieu de leurs plus rapides
évolutions.

Avant d'essayer les cormorans en pleine eau, il
s'agit de les accoutumer à supporter la cravate :
celle-ci consiste en une courroie de cuir verni, large
d'un centimètre et demi, qui s'adapte autour du
cou de l'oiseau de la manière suivante. On saisit
l'animal par la tête, pour éviter les coups de bec, on
le place entre les genoux, qui le maintiennent im-
mobile, quoique reposant, bien entendu, à terre ; un
aide assujettit alors la cravate par-dessus l'index de
la main qui tient la tête du cormoran, et qu'on étend
le long du cou de ce dernier. L'opération terminée,
on fait glisser avec la main la cravate jusqu'à ce
qu'elle repose sur les épaules de l'oiseau. Cette précaution est indispensable pour empêcher le cormoran d'avaler sa proie ; comme il a l'œsophage très
dilatable, le poisson s'y loge aisément, et l'oiseau
n'en est réellement incommodé, que lorsque son
jabot est trop rempli pour lui permettre de se remuer
aisément. Il va sans dire qu'il ne supporte qu'im-
patiemment cette contrainte les premières fois qu'on
la lui impose, et il faut le laisser en cet état jour et
nuit, jusqu'à ce qu'il s'y soit accoutumé ; on ne lui
enlève la cravate que pour le repas, mais il convient
néanmoins, lorsque l'oiseau la supporte bien par
ailleurs, de le laisser essayer de manger avec son
collier autour du cou. Les efforts qu'il fait pour
avaler l'obligent à dégorger souvent le poisson
qu'il a saisi, et qu'il essaye de reprendre de mille

manières différentes. Quand il est fatigué, on le reprend, et on lui donne *à la main* quelques menus poissons, tenus en réserve, et qui peuvent s'avaler, pourvu qu'il n'ait pas le cou trop serré. Toutefois, mieux vaut au début enlever la cravate, et rassasier le cormoran. Il s'accoutume ainsi promptement, quand il a rempli sa poche et qu'il sent qu'il ne peut avaler sans le secours de son maître, à revenir vers lui au premier appel.

Pourvu qu'il soit en bon état d'entraînement et suffisamment affamé, à peine mis à l'eau, le cormoran commence ses évolutions ; autant à terre il était lourd et maladroit, autant il se meut avec aisance et célérité au sein de l'eau. Il plonge, reparaît, plonge de nouveau, poursuit sa proie, la fatigue, l'étourdit et finit par la saisir, en suivant tous ses mouvements avec une facilité et une souplesse vraiment prodigieuses.

Pour faire dégorger à l'oiseau le poisson qu'il a avalé, on le saisit par la tête et, avec les doigts, on l'oblige à ouvrir le bec, tandis qu'exerçant une pression avec la paume de la main sur la poche garnie de poisson, on oblige celui-ci à sortir ; mais, dès que toute la proie est expulsée du cou de l'oiseau, il faut s'empresser de la mettre en lieu sûr, car, à peine relâché, le cormoran se précipite sur le poisson et l'avale de nouveau avec la plus amusante précipitation.

En France, on met aux cormorans un jet de cuir à une seule jambe. En Angleterre, cette précaution n'est pas usitée. On maintient simplement l'oiseau, quand il est porté sur le poing, à l'aide du pouce de la main gauche appliqué sur les palmes qui reposent sur l'index.

Bien entendu, tant pour protéger la main que pour donner une assiette plus large aux pieds de l'oiseau, on se sert d'un gant de cuir semblable à ceux des fauconniers.

Les cormorans dressés par cette méthode, qui m'a paru excellente, sont, on le voit, traités comme les faucons, en ce sens, qu'ils sont livrés à leur instinct, dans un état de demi-liberté, et qu'ils apprennent seuls et d'eux-mêmes à exercer cet instinct dans leur élément favori. Ceux dont je parle ici avaient de plus leur plein vol. Ils allaient souvent à des distances considérables, pêcher seuls, dans les marécages de la Lande, revenant à la maison, à l'heure du coucher, ou à l'appel de leur maître ; et ce ne fut que par crainte de les voir devenir la victime de quelque accident que ce dernier se décida à les priver de l'usage de leur ailes. Ils couchaient en plein air, sur un sapin, près du bassin dont on leur avait abandonné la jouissance, et, souvent, lorsque, dans le calme de la nuit, ils percevaient quelque bruit familier ou qu'ils entendaient la voix de leur maître, ils jettaient leur cri d'appel et de reconnaissance.

Au bout de quelque temps, ces oiseaux deviennent à l'égard de leur maître, et des personnes qui prennent soin d'eux, d'une excessive familiarité. Ils entrent sans crainte dans sa maison et se montrent même parfois d'un sans-gêne absolu.

Ceux de mon ami, s'étant introduits un jour dans la cuisine où tournait devant le feu une broche garnie de bécassines, n'eurent d'affaire plus pressée que de les tirer du feu et de les déchiqueter à beaux coups de bec, jusqu'à ce que, rentrant d'une courte absence et prenant les délinquants sur le fait, la cuisinière les mit à la porte à coups de fouet.

A défaut de poisson, et pendant la saison rigoureuse, on peut nourrir les cormorans de toutes sortes de viandes, sans que cela paraisse les incommoder. Toutefois, il importe de leur laisser prendre une fois par semaine une bonne gorge de poisson, et de ne les en jamais sevrer complètement pendant trop longtemps ; car, à la longue, la viande les échauffe et finirait par provoquer de graves indispositions.

Tenus confinés et dans un état constant d'entraînement, ils demandent à être ménagés, et l'on doit user de précautions avec eux sous peine de les exposer à des accidents souvent mortels. Ainsi ils ne peuvent supporter les jeûnes trop prolongés, bien qu'il soit nécessaire de les affamer quelque peu pour les exciter à pêcher ; car, repus, ils sont lourds et paresseux. De plus, il faut éviter de les laisser se gorger goulûment après un jeûne excessif, et surtout de les laisser se baigner trop tard dans la soirée ; car, de même que les faucons, s'ils n'ont pas eu le temps de se sécher avant la nuit, ils se trouvent exposés à des attaques sans remèdes qui les enlèvent en quelques instants.

Au contraire, tenus en liberté, ils se trouvent peut-être en condition moins sévère; mais aussi leur hygiène est préférable, et leur santé se maintient excellente à tous égards.

Il est désirable que ce joli sport, si amusant, soit mis en faveur sur le même pied que la fauconnerie dont il est, en quelque sorte le corollaire naturel. Il offre assurément moins de difficultés techniques que ce dernier, et en somme, il peut s'exercer à peu près partout. Ajoutons enfin qu'avec des soins bien entendus, on peut arriver à faire reproduire les cormorans sous la main de l'homme, ce que l'on n'a jamais pu obtenir des oiseaux de vol.

TABLE DES MATIÈRES

1807 — Poitiers, Imprimerie Blais, Roy et Cie, 7, rue Victor Hugo.

Fig. 1. Faucon sur le bloc.
Fig. 2. Autour sur la perche courbe.

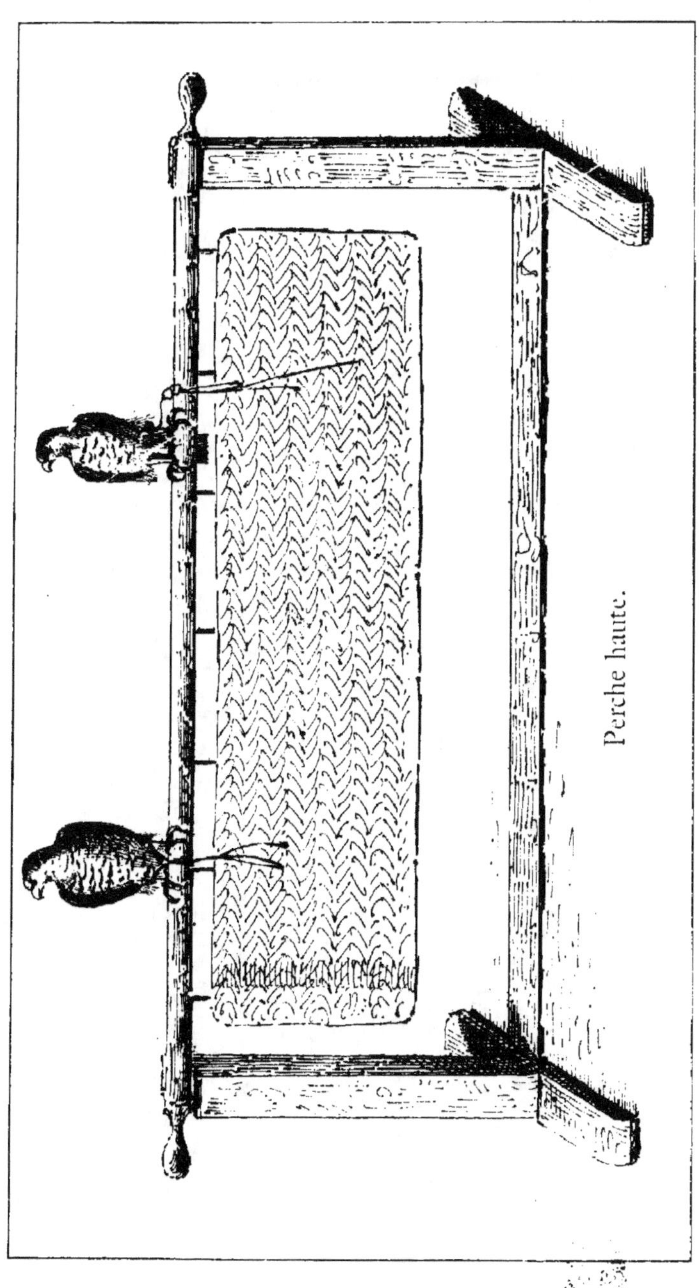
Perche haute.

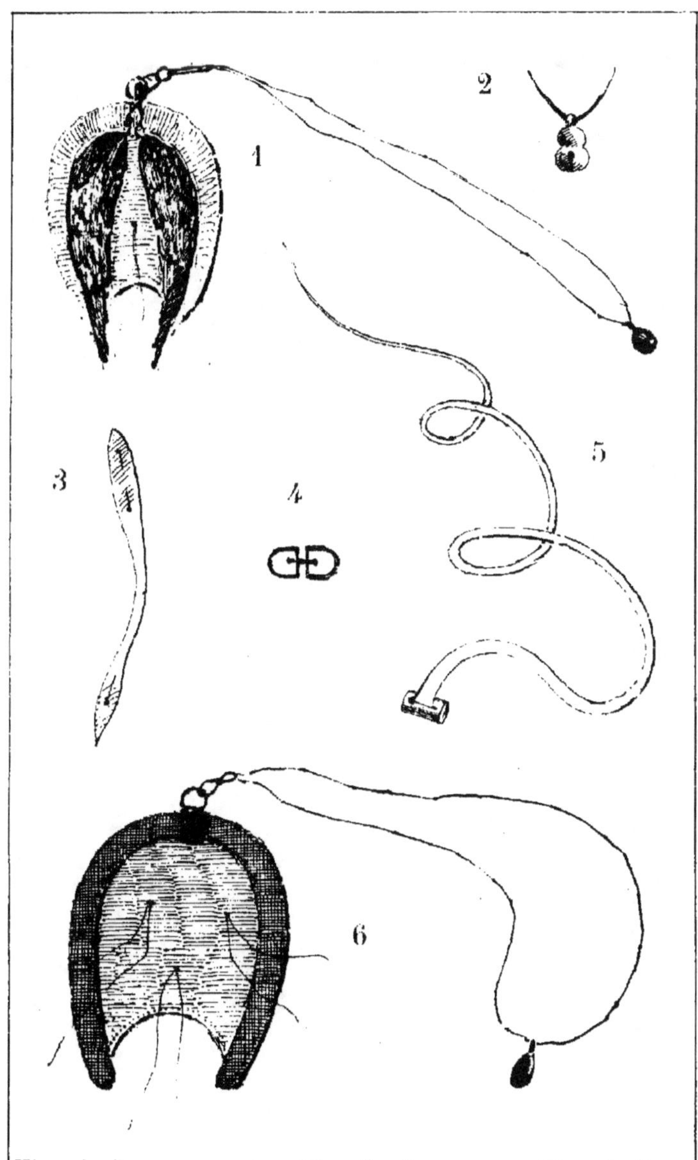

Fig. 1. Leurre garni.— Fig. 2. Sonnette.- Fig. 3. Jet.
Fig. 4. Tourniquet. - Fig. 5. Longe. -Fig. 6. Leurre nu

Cormoran.